# GEORGES ET LE BIG BANG

**Des mêmes auteurs, dans la même collection :**

*Georges et les secrets de l'Univers*

*Georges et les trésors du cosmos*

*Georges et le code secret*

*Georges et la lune bleue*

**Rejoignez Georges dans une autre dimension sur :**

http://georges.pocketjeunesse.fr

# GEORGES ET LE BIG BANG

LUCY & STEPHEN

HAWKING


*Illustrations de Garry Parsons*

*Traduit de l'anglais par Frédérique Fraisse*


POCKET JEUNESSE

PKJ·

Titre original :

*George and the Big Bang*

Publié pour la première fois en 2011
par Doubleday, un département
de Random House Children's Books, Londres.

Loi n° 49956 du 16 juillet 1949 sur les publications
destinées à la jeunesse : septembre 2015



ISBN 978-2-266-26206-4
Dépôt légal : septembre 2015

*Pour Willa, Lola et George,*
*Rose, George, William et Charlotte*

## LES TOUTES DERNIÈRES THÉORIES SCIENTIFIQUES !

Au fil de cet ouvrage, d'éminents chercheurs vous feront partager leurs connaissances incroyables sur les toutes dernières théories scientifiques.

## FAITS SPÉCIFIQUES

La science est très présente dans ce livre, qui comporte par ailleurs un certain nombre de sections réservées à des sujets bien spécifiques, agrémentés de faits et d'informations. Certains lecteurs auront peut-être envie de consulter ces pages.

# Chapitre premier

*Quel est l'endroit idéal dans l'Univers pour héberger un cochon ?* tapa Annie sur le clavier de Cosmos, le superordinateur.

— Cosmos doit savoir ! déclara la fillette. Je suis sûre qu'il trouvera à Fred un endroit bien plus agréable que cette vieille ferme minable.

La ferme où vivait Fred le cochon n'avait rien d'un taudis. Au contraire ! D'ailleurs, les autres animaux ne semblaient pas s'en plaindre. Seul Fred, le précieux cochon de Georges, y était malheureux.

Pendant que Cosmos, l'ordinateur le plus intelligent au monde, parcourait ses millions de milliards de dossiers afin de répondre à la question d'Annie, Georges se lamentait.

— Je me sens super mal. Fred était tellement en colère qu'il n'a même pas voulu me regarder.

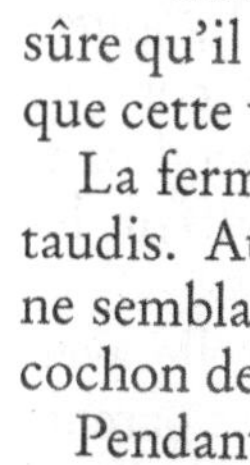

— Eh bien, moi, si ! se vanta Annie. J'ai lu un

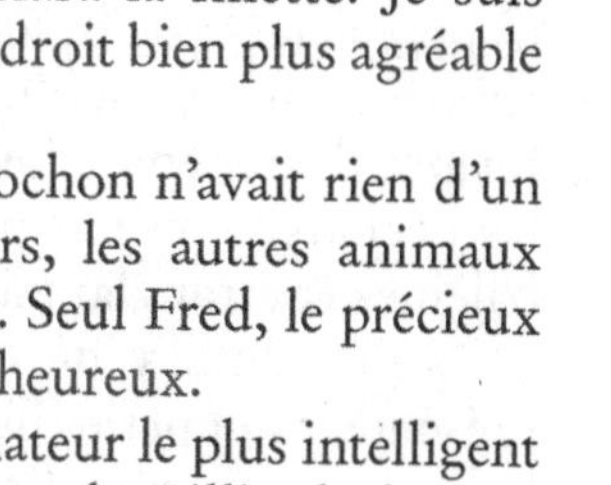

message dans ses petits yeux de cochon. Il me disait : « Au secours ! Sortez-moi de là ! »

Leur visite quotidienne à la ferme située non loin de Foxbridge, la ville universitaire où vivaient Georges et Annie, n'avait pas été un succès. Quand elle était venue les chercher à la fin de l'après-midi, Suzanne, la maman d'Annie, avait été surprise par l'air furieux de Georges et les larmes qui perlaient dans les yeux de sa fille.

— Georges ! Annie ! Qu'est-ce qu'il se passe encore ?

— C'est Fred, s'était écriée Annie avant de bondir à l'arrière de la voiture. Il déteste la vie à la ferme.

Fred était le cochon de Georges. Sa grand-mère le lui avait offert pour Noël alors qu'il n'était qu'un porcelet. Écologistes convaincus, les parents de Georges n'appréciaient pas beaucoup les cadeaux, car les jouets abîmés, cassés, oubliés après Noël finissaient par former d'immenses tas de plastique et de métal dans les décharges ou par polluer les océans, étouffant les baleines et étranglant les mouettes.

La grand-mère de Georges savait que si elle avait présenté à son petit-fils un jouet ordinaire, ses parents le lui auraient rendu et que tout le monde aurait été contrarié. Elle avait donc cherché quelque chose de spécial, un présent qui serait en harmonie avec la planète au lieu de la détruire !

Voilà comment, par une froide veille de Noël, Georges avait découvert un carton sur le seuil de sa maison. Il contenait un mignon cochon rose et un mot de sa mamie : *Pouvez-vous héberger ce petit bonhomme qui n'a pas de toit ?* Georges avait bondi de joie : ses parents seraient obligés de le garder, et il aurait son propre animal de compagnie.

Le problème avec ce genre de créatures, c'est qu'elles

ne cessent de grossir, et finissent par devenir beaucoup trop grosses pour le jardin d'une maison avec une étroite bande de terre et un potager rabougri coincés entre deux clôtures. Mais comme les parents de Georges avaient le cœur sur la main, Fred (c'est ainsi que Georges avait baptisé son nouvel ami) avait vécu dans sa porcherie au fond du jardin, jusqu'à ce qu'il atteigne une taille gigantesque. On aurait dit un bébé éléphant. Georges, lui, se moquait bien d'avoir un compagnon encombrant. Il adorait son cochon. Il passait des heures à lui parler ou bien à lire des ouvrages sur les merveilles du cosmos, assis dans son ombre.

De son côté, Daniel, le père de Georges, n'avait jamais vraiment apprécié Fred. Celui-ci était trop gros, trop porcin, trop rose… et surtout, il ne ratait pas une occasion de danser dans le potager, piétiner les épinards et les brocolis, mâchonner les fanes de carottes. L'été précédent, avant la naissance des jumelles, toute la famille s'était absentée quelques jours. En un temps

record, Daniel avait trouvé une place à Fred dans une ferme pédagogique. Il avait promis à Georges que, dès leur retour, le cochon reviendrait à la maison.

Seulement, Georges attendait toujours…

Leurs voisins – Éric le scientifique, son épouse Suzanne et leur fille Annie – étaient revenus des États-Unis. Ensuite Rosemarie avait accouché de jumelles, Junon et Héra, qui pleuraient, gazouillaient, souriaient puis pleuraient de plus belle. Lorsque Junon se calmait, ils profitaient d'une merveilleuse demi-seconde de silence. Soudain, Héra hurlait comme une sirène, si bien que Georges se demandait parfois si son cerveau n'allait pas exploser et s'écouler par les oreilles. Comme ses parents avaient toujours l'air angoissé et fatigué, il n'avait rien osé leur demander.

Dès qu'Annie était rentrée des États-Unis, Georges s'était faufilé de plus en plus souvent par le trou dans la clôture pour lui rendre visite. À la fin, il vivait pratiquement chez les Bellis, cette famille de doux dingues qui possédait l'ordinateur le plus génial au monde.

Quant au pauvre Fred, il n'avait jamais regagné sa porcherie au fond du jardin.

Quelque temps après la naissance des jumelles, Daniel avait déclaré qu'ils avaient assez de pain sur la planche sans rajouter un fichu cochon obèse.

— Georges, avait-il répliqué aux protestations de son fils, Fred est une créature de la planète Terre. Il ne t'appartient pas. Il appartient à la nature.

La petite ferme pédagogique avait fermé au début des vacances d'été. Tous les animaux avaient été transférés dans un endroit plus grand, où un grand nombre de visiteurs venaient les admirer aux côtés de races

plus inhabituelles. Fred se trouvait désormais un peu dans la même situation que Georges et Annie quand ils étaient entrés au collège : terrifié.

Georges renifla au souvenir du commentaire de son père.

— La nature !

En attendant, Cosmos cherchait le meilleur endroit dans l'Univers pour un cochon sans abri.

— À mon avis, Fred ne sait pas qu'il est une créature de la planète Terre. Il veut simplement être avec nous.

— Il avait l'air si triste, remarqua Annie. Je suis sûre qu'il pleurait.

À leur arrivée à la ferme un peu plus tôt ce jour-là, Fred était allongé sur le ventre dans sa porcherie, pattes écartées de chaque côté, le regard perdu dans le vague, les joues flasques. Les autres cochons cabriolaient dehors avec joie et vitalité. Bien que son abri soit spacieux et aéré, la ferme propre et les employés accueillants, Fred semblait plongé dans un véritable enfer porcin. La culpabilité rongeait Georges. Les vacances d'été étaient passées et il n'avait toujours rien fait pour ramener Fred à la maison. C'était Annie qui lui avait suggéré de rendre visite au cochon – elle avait harcelé sa mère pour qu'elle les emmène et revienne les chercher un peu plus tard.

Les enfants avaient demandé aux employés ce qui n'allait pas chez Fred. Aussi inquiets qu'eux, ils avaient déjà appelé le vétérinaire. Son diagnostic ? Le cochon avait le mal du pays.

Après tout, il avait grandi dans le jardin paisible de Georges, puis emménagé dans une petite ferme où une poignée d'enfants venaient l'admirer. Dans cette nouvelle demeure, il était entouré d'animaux bruyants et inconnus, recevait des dizaines de visites par jour. Le choc était énorme ! Fred n'avait jamais vécu avec ses semblables auparavant et il se considérait plus comme une personne que comme un animal. Il ne comprenait pas pourquoi ces badauds le regardaient comme une curiosité par-dessus la clôture.

— On ne peut pas le ramener à la maison ? avait demandé Georges.

Sa question avait laissé les employés perplexes. D'abord, il y avait des lois qui empêchaient de déplacer les animaux et puis ils se disaient que Fred était trop gros à présent pour vivre dans un jardin de banlieue.

Annie, elle, fourmillait d'idées. Dès qu'ils étaient rentrés chez les Bellis, elle avait exposé ses plans à Georges tout en démarrant Cosmos dans le bureau d'Éric.

Mercure
Cochon roussi

Vénus
Cochon qui prie

Terre
Cochon heureux

Mars
Cochon sauteur

Jupiter
Cochon naufragé

Saturne
Cochon sur orbite

Uranus
Cochon perdu

Neptune
Cochon dans le vent

## NOTRE SYSTÈME SOLAIRE

Le Système solaire est le nom que nous donnons à la famille de planètes qui gravitent autour de notre étoile, le Soleil.

Notre Système solaire s'est formé il y a environ 4,6 milliards d'années.

***Comment notre Système solaire a-t-il été créé ?***

**Étape 1** : Un nuage de gaz et de poussière s'est effondré, probablement à cause des ondes de choc provoquées par une supernova toute proche.

**Étape 2** : Une boule de gaz s'est formée, a tourbillonné sur elle-même et est devenue un disque plat tandis qu'elle attirait toujours davantage de poussière. Petit à petit, elle a grossi et tournoyé encore plus vite.

**Étape 3** : La région centrale de ce nuage effondré s'est réchauffée jusqu'à s'enflammer et devenir une étoile.

**Étape 4** : Pendant que l'étoile brûlait, la poussière du disque s'est lentement agglomérée, a formé des amas qui sont devenus des corps rocheux puis des planètes, sans cesser de graviter autour de l'étoile – notre soleil – au centre. Au final, ces planètes ont composé deux groupes principaux : près du Soleil où il fait très chaud, les planètes rocheuses ; plus loin au-delà de Mars, les planètes gazeuses, qui comportent une atmosphère épaisse entourant une région interne liquide et très probablement un cœur solide.

Les étoiles dotées d'une masse comme le Soleil mettent environ 10 millions d'années à se former.

**Étape 5** : Les planètes ont « nettoyé » leur orbite en avalant toute la matière qu'elles pouvaient rencontrer.

Comme Jupiter est la planète la plus imposante, elle a dû engloutir une bonne partie des débris.

**Étape 6** : Des centaines de millions d'années plus tard, les orbites des planètes se sont stabilisées – ce sont encore les mêmes aujourd'hui. La matière qui n'avait pas été absorbée a terminé soit dans la ceinture d'astéroïdes entre Mars et Jupiter, soit bien plus loin, au-delà de Pluton, dans la ceinture de Kuiper.

## *Existe-t-il d'autres systèmes solaires comme le nôtre ?*

- Pendant plusieurs centaines d'années, les astronomes se sont doutés que d'autres étoiles dans l'Univers possédaient des planètes en orbite autour d'elles. L'existence de la première exoplanète n'a pas été confirmée avant 1992. Elle gravitait autour du corps d'une étoile massive. La première planète en orbite autour d'une vraie étoile brillante a été découverte en 1995. Depuis, plus de 400 exoplanètes ont été découvertes – certaines autour d'étoiles très similaires à notre Soleil.

Une exoplanète est une planète en orbite autour d'une étoile autre que le soleil de la Terre.

- Ce n'est que le début. Même si seulement 10 % des étoiles de notre galaxie possédaient des planètes en orbite autour d'elles, cela équivaudrait à plus de 200 milliards de systèmes solaires dans la Voie lactée uniquement.

## NOTRE SYSTÈME SOLAIRE

- Certains ressemblent sûrement beaucoup à notre Système solaire. D'autres, pas du tout. Les planètes d'un système solaire binaire, par exemple, voient deux soleils se lever et se coucher dans leur ciel. Quand on connaît la distance entre les planètes et leur étoile – ainsi que la taille et l'âge de l'étoile –, on peut calculer la probabilité de trouver de la vie sur ces planètes.

- La plupart des exoplanètes que nous connaissons dans d'autres systèmes solaires sont immenses – autant que Jupiter, voire plus. Elles sont donc plus faciles à détecter que les petites planètes. Mais les astronomes commencent à découvrir des planètes rocheuses moins imposantes qui gravitent à la bonne distance de leur étoile et ressemblent peut-être plus à la planète Terre.

- Début 2011, la NASA a confirmé que la mission Kepler avait repéré une planète semblable à la Terre autour d'une étoile située à 500 années-lumière ! 1,4 fois plus grosse que notre chère Terre, cette nouvelle planète, Kepler 10-b, est peut-être la plus ressemblante à la Terre que nous ayons découverte jusqu'ici.

— Nous ne pouvons pas le faire revenir chez toi parce que ton père le ramènerait directement à la ferme. Et il ne peut pas vivre chez moi.

Malheureusement pour Georges, Annie avait raison. Cosmos était perché sur une pile immense de revues scientifiques, entouré de tours chancelantes de livres, de tasses à moitié pleines de thé et de bouts de feuilles sur lesquelles Éric avait gribouillé des équations. Le père d'Annie se servait du superordinateur pour élaborer ses théories sur les origines de l'Univers. Apparemment, trouver un foyer pour un cochon était aussi compliqué.

La première fois qu'Annie et sa famille avaient emménagé dans cette maison, le cochon de Georges y avait fait une entrée remarquable : il avait foncé dans ce même bureau et semé une pagaille monstre parmi les livres. Toutefois, Éric avait été plutôt content, car le chaos lui avait permis de mettre la main sur un ouvrage égaré. Aujourd'hui, les enfants savaient qu'il n'accueillerait pas l'animal à bras ouverts. Il avait trop de travail pour s'encombrer d'un cochon.

— Nous devons dénicher un endroit sympa pour Fred, continua Annie.

Soudain, l'écran de Cosmos s'anima et clignota comme un sapin de Noël, signe que le superordinateur était fier de lui.

— Je vous ai préparé un récapitulatif des conditions climatiques dans notre zone cosmique et leur adéquation avec la vie porcine. Cliquez, je vous prie, sur les encadrés pour connaître les possibilités d'accueil de chaque planète de notre Système solaire. J'ai pris la liberté de vous fournir… (Cosmos pouffa de rire.) … des illustrations accompagnées de mes commentaires.

— Génial ! s'exclama Annie. Tu es le meilleur !

Huit petits encadrés apparurent sur l'écran. Chacun comportait le nom d'une planète du Système solaire. Annie tapa sur MERCURE…

## Chapitre 2

— Je ne crois pas que Fred puisse habiter sur une de ces planètes, conclut Georges après avoir fait le tour du Système solaire. Il bouillira sur Mercure, sera soufflé sur Neptune, empoisonné par des gaz mortels sur Saturne. Il regrettera certainement sa vie à la ferme.

— Il n'y a que la Terre…, murmura Annie. C'est la seule planète de notre système solaire adaptée à la vie.

Elle fronçait le nez, signe qu'elle réfléchissait dur.

— Le même problème se pose pour les hommes ! s'exclama-t-elle soudain. Tu te souviens quand mon père parlait de trouver un refuge dans l'espace au cas où notre planète deviendrait inhabitable ?

— À cause d'une énorme comète ou du réchauffement climatique ? C'est sûr que nous ne pourrons plus vivre sur Terre s'il y a des éruptions volcaniques partout ou si elle se transforme en désert aride.

Grâce à ses parents écologistes, Georges n'ignorait rien du sort effrayant qui menaçait la Terre si les hommes n'en prenaient pas soin rapidement.

— Si nous trouvons un endroit qui convient à l'homme, poursuivit Annie, Fred s'y plaira aussi !

## *ATTAQUE D'ASTÉROÏDES !*

- Un astéroïde est un fragment rocheux abandonné lors de la formation du Système solaire il y a environ 4,6 milliards d'années. Les scientifiques estiment qu'il existe probablement des millions d'astéroïdes dans notre système solaire.

En général, les astéroïdes mesurent entre plusieurs mètres et plusieurs centaines de kilomètres.

- De temps à autre, un astéroïde quitte son orbite – à cause de la gravité des planètes voisines, par exemple ; il y a alors un risque de collision avec la Terre.

- Environ une fois par an, un rocher de la taille d'une voiture fonce dans l'atmosphère terrestre, mais brûle avant d'atteindre la surface.

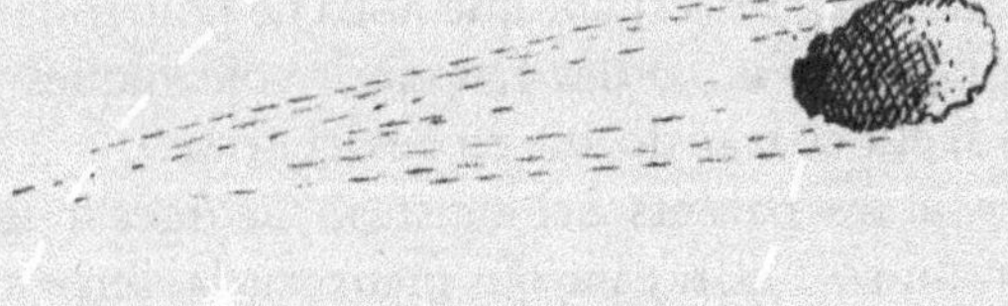

Tous les milliers d'années environ, un rocher de la taille d'un terrain de foot heurte la Terre et, tous les millions d'années, la Terre subit l'impact d'un objet spatial – un astéroïde ou une comète – assez gros pour menacer la civilisation.

Si un astéroïde ou une comète – une boule de roche et de glace qui tourne à toute vitesse autour du Soleil – devait heurter la surface de la Terre, il est possible qu'il s'enfoncerait profondément et déclencherait des éruptions volcaniques. Rien ne survivrait à pareil impact.

Un météoroïde est un morceau de roche qui vole dans notre système solaire; une météorite est le même morceau qui s'écrase sur Terre.

Il y a 65 millions d'années, un astéroïde s'est écrasé sur la Terre. Il a peut-être provoqué l'extinction des dinosaures: l'impact aurait soulevé un nuage de poussière fine qui aurait bloqué les rayons du Soleil et causé la disparition de bien des espèces.

## EXPLOSION DE RAYONS GAMMA... GAME OVER!

- Il faut aussi envisager la menace exotique d'une extinction par rayons gamma venus de l'espace.

- Quand une étoile très grosse atteint la fin de sa vie et explose, devenant une supernova, elle n'envoie pas seulement un nuage extensible de poussière et de gaz très chauds à travers le cosmos. Elle émet aussi des faisceaux jumeaux mortels de rayons gamma, à l'instar d'un phare.

- Si la Terre se trouvait directement sur le chemin d'un faisceau, et si les sursauts de rayons gamma se produisaient assez près de nous, ce faisceau risquerait de détruire notre atmosphère et provoquerait la création de nuages d'azote brun dans le ciel.

- De telles explosions sont rares. Il faudrait que ce genre d'événement arrive à quelques milliers d'années-lumière de la Terre pour causer de réels dégâts, et que le faisceau nous heurte avec une grande précision. Par conséquent, les astronomes qui ont étudié le problème en détail ne sont pas inquiets outre mesure.

## AUTODESTRUCTION !

- Nous avons déjà beaucoup endommagé notre planète, même sans l'aide d'astéroïdes ou de rayons gamma.

Sept milliards d'habitants peuplent la Terre.

- La Terre souffre de surpopulation.

- Cette immense population implique de produire davantage de nourriture, de demander de plus gros efforts aux ressources naturelles et d'envoyer plus de gaz dans l'atmosphère terrestre.

- Les discussions autour du changement climatique sont nombreuses. Mais les scientifiques sont clairs sur un point : la planète se réchauffe et l'activité humaine est la cause de ce réchauffement. Comme ce changement va se poursuivre, le monde sera encore plus chaud, certaines régions subiront de fortes précipitations quand d'autres souffriront de la sécheresse. Le niveau des mers s'élèvera, ce qui pourrait rendre la vie plus difficile aux peuples vivant sur les côtes.

- Il y a de plus en plus d'hommes sur Terre et de moins en moins d'espèces. L'extinction des autres animaux représente un problème croissant. Nous voyons des groupes entiers d'espèces disparaître de la surface de la Terre. Il est vraiment dommage de détruire notre belle et unique planète, pile au moment où nous apprenons comment elle fonctionne réellement.

Globalement, près d'un quart des mammifères et un tiers des amphibiens sont menacés d'extinction.

— Il suffit donc à Cosmos de chercher ce lieu !

— Précisément ! s'exclama Annie, enthousiaste. Et nous pourrons rendre visite à Fred de temps à autre pour qu'il ne se sente pas seul.

Tout à coup, ils se turent. Ils savaient bien que leur plan génial était loin d'être parfait.

— Combien de temps cela va-t-il nous prendre pour fouiller l'espace ? finit par demander Georges. Cela fait des années que ton père espère trouver une planète qui hébergerait une colonie d'hommes et de femmes. En vain.

— Heu, oui, tu as raison, admit Annie. Et si nous envisagions un foyer un peu plus près de chez nous pour Fred ? En attendant…

— Bonne idée, mais comment comptes-tu transporter notre énorme compagnon sous son nouveau toit ?

— Voilà toute l'ingéniosité de mon plan sensationnel ! Nous allons nous servir de Cosmos ! S'il peut nous offrir de merveilleux voyages à travers l'Univers, il peut faire faire un saut de puce à un cochon.

— Ce n'est pas un problème, Annie, confirma Cosmos. Je suis si intelligent que j'en suis tout à fait capable.

— Mais est-ce qu'il en a le droit ? s'inquiéta Georges. Ton père ne va pas se fâcher s'il découvre que nous avons utilisé son superordinateur pour transporter un cochon ?

— À moins que vous ne m'en donniez l'ordre, suggéra Cosmos d'un ton espiègle, je ne vois aucune raison d'informer Éric de nos aventures porcines.

— Qu'est-ce qu'on attend ? lança Annie. Cosmos

est d'accord pour emmener Fred dans un endroit où il sera en sécurité.

— Hum..., marmonna Georges, encore indécis.

Lors d'explorations précédentes, Cosmos avait choisi leur destination, et Georges se demandait encore s'il ne lui était pas arrivé de se tromper. Le garçon acceptait de pousser Fred à travers le portail – cette fabuleuse porte sur l'espace que Cosmos était capable d'ouvrir –, mais à une condition : qu'il ne finisse pas dans une fabrique de saucisses, au sommet de l'Empire State Building ou sur une île tropicale lointaine trop chaude et trop isolée.

— Cosmos, demanda-t-il poliment, aurais-tu la gentillesse de nous montrer les endroits où tu pourrais conduire Fred, avant de passer à l'action ? Oh ! j'oubliais : nous aimerions pouvoir nous y rendre à vélo. On risque de se faire prendre si on se sert de toi régulièrement.

— Traitement de la requête, répliqua Cosmos.

Quand la famille d'Annie était revenue des États-Unis, Cosmos avait souffert d'une méga-panne, Éric était parvenu à le réparer et, depuis, il faisait preuve d'une attitude plus conviviale. Ses circuits marmonnèrent quelques secondes puis une image se mit à flotter au milieu du bureau d'Éric, reliée à Cosmos par deux rais lumineux.

— C'est une carte ! s'écria Georges. On dirait... on dirait Foxbridge !

— Bingo ! répondit Cosmos. Il s'agit d'une image en 3D. Comptez sur moi pour faire mieux que Google. (Il se racla la gorge.) L'insolent arriviste !

— Magnifique, soupira Annie.

La vieille et distinguée ville universitaire de Foxbridge était représentée dans ses moindres détails : chaque tour, rempart, flèche, quadrilatère possédait sa miniature parfaite.

Dans le coin d'une cour, une petite lumière rouge clignotait.

— C'est l'université de mon père ! s'étonna Annie. Pourquoi nous montres-tu cet endroit ?

— Mes dossiers indiquent que les cochons ont besoin d'un endroit sombre et tranquille, d'air frais et d'un peu de soleil, répondit Cosmos. Cet endroit est une cave à vins vide au pied d'une vieille tour. Elle pos-

sède un système de ventilation – l'air y est donc sain –, ainsi qu'un petit soupirail. Comme elle n'est plus utilisée depuis de nombreuses années, Fred devrait y être à l'aise quelques jours, à condition qu'il ait un peu de paille, bien entendu.

— Tu en es sûr ? l'interrogea Georges. Il ne se sentira pas trop à l'étroit ?

— Pendant quelque temps, Fred appréciera la paix et la tranquillité. Une sorte de mini-break, jusqu'à ce que vous décidiez où l'envoyer définitivement.

— Sortons-le de cette ferme ! s'exclama Annie. Et vite !

— Peut-on voir la cave ? demanda Georges.

— Certainement. Le temps d'ouvrir une petite fenêtre dans le bâtiment et vous pourrez vérifier les informations que je vous ai données.

La carte se dissipa dans les airs et fut remplacée par un rectangle de lumière tandis que Cosmos créait son portail. Annie et Georges l'avaient emprunté plusieurs fois pour se rendre dans l'espace. Cosmos avait alors fabriqué une porte. Là, une simple fenêtre suffisait.

— C'est fantastique ! s'écria Annie. Pourquoi n'avons-nous jamais pensé à Cosmos pour voyager sur Terre ?

Le rectangle s'assombrit. Les enfants s'approchèrent.

— Cosmos ! On ne voit rien ! grogna Georges. Tu disais qu'il y aurait la lumière du jour. Fred va se croire en prison, là-bas !

L'ordinateur ne comprenait pas.

— J'ai vérifié les coordonnées : il s'agit du bon endroit. Quelque chose recouvre peut-être le soupirail ?

— Eh ! chuchota Annie. L'obscurité… Elle bouge.

Par la fenêtre, la pièce sombre semblait osciller.

— Écoutez ! ajouta-t-elle. J'entends des voix.

— Impossible, rétorqua Cosmos. Mes données m'indiquent que la cave est à l'abandon.

— Alors que font tous ces gens ici ? l'interrogea Annie.

Georges regarda de plus près. Il découvrit une foule compacte de gens en noir dont il ne distinguait que les épaules et le dos.

— Ils peuvent nous voir ? murmura Annie.

— S'ils se retournent, oui, répondit Cosmos, qui avait rapidement scanné la pièce. Même si cela est tout à fait incompatible avec la logique, la probabilité et la raison, cette cave est remplie d'êtres humains.

— Vivants ou morts ? demanda Annie, terrifiée.

— En état de marche, répondit Cosmos.

— Que font-ils ?

— Ils…

— … se retournent ! l'interrompit Georges avec horreur. Cosmos ! Ferme le portail !

Cosmos éteignit si vite que personne ne remarqua le petit éclair lumineux. Et quand bien même, aucun n'aurait deviné que leur réunion secrète venait d'avoir pour témoins deux enfants interloqués et

un superordinateur dans tous ses états, quelque part aux abords de Foxbridge.

Au même moment, une voix résonna dans le bureau d'Éric.

— Salut, Faux Vide ! Toi qui nous donnes la vie, l'énergie et la lumière.

Dans son empressement à fermer le portail avant qu'on ne le voie, Cosmos avait oublié d'éteindre le port audio, si bien qu'ils entendaient ce qui se déroulait dans la cave.

Un silence de mort s'ensuivit. Annie et Georges osaient à peine respirer. Puis, comme dans une émission de radio particulièrement sinistre, la voix poursuivit :

— Le danger nous guette ! Nous vivons peut-être les dernières heures de l'humanité avant que l'Univers soit réduit à néant par une bulle de destruction cosmique. Les scientifiques criminels du LHC, le Grand Collisionneur de hadrons, débuteront bientôt une nouvelle expérience à haute énergie. La dernière fois, nous n'avons pas pu les empêcher d'utiliser le LHC. La situation est infiniment plus grave aujourd'hui. Dès que ces imbéciles allumeront leur machine, ils déclencheront une catastrophe cosmique qui exterminera l'Univers tout entier !

Les nombreux participants sifflèrent et huèrent.

— Silence ! ordonna la voix. Je cède la parole à notre distingué expert scientifique.

La nouvelle voix leur parut plus âgée, plus douce.

— Ces fous dangereux sont manipulés par un scientifique de Foxbridge nommé Éric Bellis.

Annie ne put retenir un couinement. Il parlait de son père !

— Bellis est le cerveau de cette expérience utilisant le détecteur ATLAS, qui s'apprête à entrer dans la phase la plus dangereuse. Si Bellis réussit à obtenir l'énergie souhaitée, il y a une très forte probabilité que l'Univers se dégrade spontanément à la suite de la création d'un vrai vide.

La voix s'accorda une pause.

— Mettons qu'une minuscule bulle de vrai vide soit créée lors d'une collision de particules dans le LHC. La bulle grandira – à la vitesse de la lumière –, remplacera le faux vide et anéantira toute matière ! Tous les atomes de la Terre se dissoudront en moins d'un vingtième de seconde. En huit heures, le Système solaire aura disparu. Et, bien entendu, la destruction ne s'arrêtera pas là…

Le son devenait de moins en moins audible, tandis que Cosmos bataillait pour conserver la connexion.

— La bulle ne cessera jamais de croître, menaça la voix. Bellis aura accompli l'impensable : l'anéantissement de l'Univers entier.

Et, tout à coup, la transmission fut coupée.

Pendant un instant, Annie et Georges demeurèrent abasourdis. Cosmos réagit le premier.

ENVIRONNEMENT DANGEREUX POUR COCHON FAMILIER apparut plusieurs fois sur l'écran en majuscules rouges.

— Pas question d'envoyer Fred là-bas avec

ces cinglés ! s'exclama Annie. Surtout s'ils disent des grossièretés sur mon père !

Georges avait l'estomac noué. De quoi ces personnes en noir parlaient-elles exactement ?

— Cosmos, Annie ! Qui étaient ces gens ?

## Chapitre 3

— Quels gens ? demanda Éric qui entrait au même instant, une tasse de thé fumant dans une main et une pile de dossiers coincée sous la manche de sa veste en tweed. Bonjour, Annie ! Bonjour, Georges ! On profite du dernier jour des vacances ?

Les deux amis le dévisagèrent, l'air interdit.

— Hou là ! Vu vos têtes, ce doit être non. Quelque chose ne va pas ? leur demanda-t-il avec un sourire.

Éric souriait sans cesse, ces

temps-ci. Si Georges avait dû décrire le père d'Annie à cet instant, il aurait dit : « incroyablement heureux » ou « incroyablement occupé ». En fait, plus Éric avait de travail, plus il semblait content. Depuis son retour des États-Unis, où il avait collaboré à une mission spatiale destinée à trouver des traces de vie sur Mars[1], le scientifique vivait à cent à l'heure. Il était heureux en famille, il adorait son nouvel emploi de professeur de mathématiques à l'université de Foxbridge et il était surexcité par l'importante expérience qu'il menait au Grand Collisionneur de hadrons en Suisse.

Son projet consistait à poursuivre le travail commencé par des savants plusieurs centaines d'années plus tôt. Il devait découvrir de quoi le monde était fait et comment les minuscules éléments fondamentaux s'étaient assemblés pour former l'Univers. À cette fin, Éric et d'autres scientifiques essayaient de mettre au point une théorie qui leur permettrait de comprendre l'Univers. Ils l'avaient nommée tout simplement la « théorie du Tout », soit le plus grand objectif en science. Ainsi, ils comprendraient comment l'Univers était né et surtout pourquoi.

Avec cet impressionnant projet et grâce aux nouveaux résultats fournis par le LHC, il n'était pas étonnant qu'Éric soit de si bonne humeur. À tel point qu'il ne s'emporta pas quand il surprit les enfants avec Cosmos.

— Je vois que vous vous êtes servis de mon ordinateur ! s'exclama-t-il, les sourcils froncés bien qu'il ne parût pas contrarié. J'espère que vous n'avez pas mis de confiture de fraise sur le clavier, cette fois-ci.

---

1. Voir *Georges et les trésors du cosmos.*

**Tout au long de l'histoire, les gens ont regardé autour d'eux et cherché à comprendre les choses étonnantes qu'ils voyaient. Ils se demandaient: que sont ces choses? Pourquoi bougent-elles et changent-elles ainsi? Ont-elles toujours été là? Que nous racontent-elles sur notre présence ici? Depuis quelques siècles seulement, nous commençons à obtenir des réponses scientifiques à ces questions.**

### *La théorie classique*

En 1687, Isaac Newton publia ses découvertes sur les lois du mouvement – il décrivit comment les forces changent de direction –, et la loi de la gravitation universelle selon laquelle deux objets dans l'Univers s'attirent avec une force, la gravité. Voilà pourquoi nous sommes collés à la surface de la Terre, pourquoi celle-ci tourne autour du Soleil et comment les planètes et les étoiles ont été créées. À l'échelle des planètes, des étoiles et des galaxies, la gravité est l'architecte qui contrôle la structure générale de l'Univers. Les lois de Newton sont encore aujourd'hui suffisantes pour placer les satellites en orbite et envoyer des vaisseaux spatiaux vers d'autres planètes. Mais des théories classiques plus modernes – celles de la relativité d'Einstein, par exemple – sont nécessaires quand les objets vont très vite ou sont très gros.

# LES LOIS DE NEWTON

### Les trois lois du mouvement

**1.** Toute particule reste au repos ou en mouvement le long d'une ligne droite avec une vélocité constante, à moins qu'une force extérieure n'agisse sur elle.
**2.** Le taux de variation de la vitesse de la particule est égal en magnitude à la force extérieure et est de même direction que la force.
**3.** Si une particule exerce une force sur une deuxième particule, alors la deuxième particule exerce une force égale mais opposée sur la première particule.

### La loi de la gravitation universelle

- Toute particule dans l'Univers attire les autres particules avec une force, suivant la ligne entre les particules, qui est directement proportionnelle au produit de leurs masses et inversement proportionnelle au carré de la distance entre elles.

### *La théorie quantique*

La théorie classique convient très bien pour les gros objets comme les galaxies, les voitures et même les bactéries. Mais elle n'explique pas comment fonctionnent les atomes. D'ailleurs, elle prétend que les atomes n'existent pas ! Au début du XX^e siècle, les physiciens s'aperçurent qu'ils devaient développer une théorie nouvelle pour rendre compte des propriétés des petites choses comme les atomes et les électrons : la physique quantique était née. Le modèle qui résume nos connaissances actuelles des particules fondamentales et des forces se nomme le « modèle standard ». On retrouve les quarks et les leptons (particules élémentaires de la matière), les particules de force (gluons, photons, bosons W et Z) et le boson de Higgs (qui sert à expliquer une partie de la masse des autres particules, mais n'a pas encore été vu). De nombreux scientifiques pensent que ce modèle est trop compliqué et en aimeraient un autre. Car alors, que devient la matière noire découverte par les astronomes ? Et la gravité ? La particule de force pour la gravité se nomme le graviton, mais il est difficile de l'ajouter au modèle standard parce que la gravité est très différente : elle change la forme de l'espace-temps.

### *Le défi de la théorie du Tout...*

Une théorie qui expliquerait toutes les forces et toutes les particules – une théorie du Tout – serait très différente de tout ce que nous avons vu jusqu'ici. Il lui faudrait en effet expliquer aussi bien l'espace-temps que la gravitation. Si elle existe, elle doit expliquer le fonctionnement physique de tout l'Univers, y compris le cœur des trous noirs, le Big Bang et l'avenir lointain du cosmos.
La découvrir serait un progrès spectaculaire.

Il s'approcha de l'écran.

— *Quel est l'endroit idéal dans l'Univers pour héberger un cochon ?* lut-il. Ah ! Je comprends, maintenant !

Il ébouriffa affectueusement les cheveux d'Annie.

— Ta mère m'a dit que vous vous inquiétiez pour Fred.

— Nous lui cherchons une autre maison, expliqua Annie.

— Et qu'avez-vous trouvé ? s'enquit Éric tout en ôtant sa veste.

Il tira un vieux fauteuil de bureau afin de s'asseoir entre Annie et Georges.

— Euh... Eh bien... Cosmos a examiné le Système solaire mais n'a rien déniché, répondit Georges.

— Le contraire m'aurait étonné, murmura Éric. J'imagine mal Fred sur Pluton.

— On songeait à une planète susceptible d'accueillir des hommes..., continua Georges.

— Et puis on a pensé à Foxbridge. Il nous fallait un endroit assez proche de la maison pour héberger Fred quelques jours, intervint Annie. Mais nous sommes tombés sur un groupe de personnes bizarres dans un sous-sol. Elles prétendaient que ton expérience au Grand Collisionneur de hadrons exterminerait l'Univers.

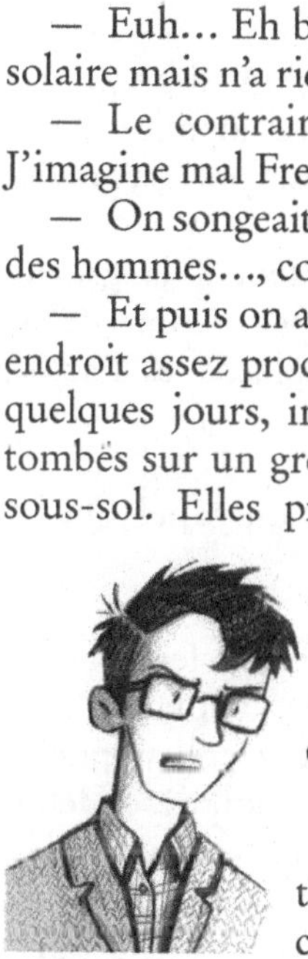

Éric se mit soudain en colère.

— Cosmos ! aboya-t-il. Qu'est-ce que tu as fait ?

— J'essayais juste de les aider.

— Mille galaxies ! Où avais-tu la tête ? Laisser les enfants espionner ces imbéciles !

Éric avait à l'évidence perdu sa bonne humeur.

— Ils ont dit que vous détruiriez le faux vide…, marmonna Georges. Et que cela allait dissoudre l'Univers. C'est vrai ?

— Non, bien sûr que non ! C'est du grand n'importe quoi ! Ne vous occupez pas d'eux, les enfants. Ils essaient simplement d'effrayer les gens parce qu'ils n'aiment pas le travail que nous accomplissons en Suisse.

— Mais leur réunion avait lieu dans ton université ! s'exclama Annie.

— Bah ! Ils peuvent discuter où ils veulent. Cela ne les rendra pas plus intéressants.

— Alors tu les connais ?

— Pas vraiment, admit Éric. Il s'agit d'une organisation secrète, chacun dissimule son identité. Ils se font appeler les Braves Apôtres qui résistent à la gravité environnante.

— Les Braves Apôtres qui résistent à la gravité environnante… Les B.A.R.G.E. ? épela Annie. C'est vraiment leur nom ? Moi, je dirais plutôt les Barjos, oui !

Éric éclata de rire.

— Cet acronyme leur va comme un gant ! Quelle bande de fêlés, quand on y pense !

— Tu sais ce qu'ils veulent ?

— L'année dernière, expliqua Éric, les Barjos, comme je les appellerai désormais, voulaient que nous abandonnions nos travaux avec le collisionneur. D'après eux, nous allions créer un trou noir dès le début de l'expérience. Nous les avons ignorés et oubliés. Comme nous sommes toujours vivants, on peut dire que le monde n'a pas été englouti par un trou noir !

Malheureusement, ils n'en sont pas restés là : ils se sont emparés de cette notion de vide pour nous empêcher de démarrer notre prochaine expérience, qui utilise plus d'énergie que les précédentes.

— Mais pourquoi ? insista Georges. Pourquoi inventer des scénarios plus fous les uns que les autres ?

— Ils ne veulent pas que nous réussissions. Notre intention est de comprendre l'Univers en profondeur. Nous ne désirons pas seulement savoir comment il se comporte, mais aussi pourquoi. Pourquoi y a-t-il quelque chose plutôt que rien ? Pourquoi existons-nous ? Pourquoi ces lois en particulier et pas d'autres ? Il s'agit de la question ultime sur la vie, l'Univers et le reste. Certaines personnes ne souhaitent pas que nous le découvrions, c'est tout.

— Alors cette histoire de bulle de destruction cosmique, c'est du n'importe quoi ? s'assura Georges.

— De la vraie carabistouille cosmique ! s'exclama Éric. Mais..., ajouta-t-il, les sourcils froncés, malgré cela, de plus en plus de personnes adhèrent aux idées des Barjos. Voilà pourquoi nous avons changé nos plans au cas où ils nous mitonneraient une méchante surprise.

— Quand votre expérience commence-t-elle ? demanda Georges.

— Elle a déjà commencé ! L'accélérateur est prêt, les détecteurs sont connectés et nous avons même atteint la luminosité voulue il y a quelques semaines.

Le scientifique secoua la tête, l'air triste.

— Nous restons aussi discrets que possible pour empêcher toute interférence de la part des Barjos. Ces losers… Bon, revenons à nos moutons. Enfin, à notre cochon. Cosmos ? Une idée ?

Comme s'il voulait rattraper son erreur, Cosmos afficha vite une nouvelle image. On y voyait un paysage idyllique avec coucher de soleil sur une paisible vallée boisée, de beaux arbres caressés par le vent, des fleurs sauvages, des papillons colorés qui virevoltaient au-dessus de haies.

— Ce serait pas mal pour votre cochon, chevrota Cosmos.

— Cela vous convient-il ? demanda Éric. Seriez-vous heureux de savoir Fred là-bas ?

— Cela n'a pas l'air mal..., commença Georges.

Il n'eut pas le temps de poser de questions ; apparemment pressé, le savant abordait déjà l'étape suivante.

— Super ! s'écria-t-il tout en tapotant sur le clavier. OK, les enfants. C'est un peu compliqué, mais je pense pouvoir créer un double portail.

Avant que les deux amis aient pu intervenir, Cosmos avait ouvert un portail dans la ferme de Fred et Éric avait sauté dans son enclos. Le cochon géant fut si déconcerté par cette apparition soudaine qu'il ne résista pas quand Éric le poussa en douceur à travers l'ouverture. Il trotta gaiement dans la vallée boisée toujours à l'écran.

Sous le regard ahuri des enfants, Fred gambada dans l'herbe, le groin frétillant, les yeux pétillants.

Éric recula sans un bruit et ferma le portail derrière lui.

— Nous lui rendrons visite bientôt, affirma-t-il.

Georges remarqua quelques brins de paille sur son pantalon en velours.

— Je ferais bien de contacter la ferme aussi. Histoire qu'ils ne paniquent pas quand ils constateront l'absence de Fred.

— Tu vas leur dire quoi ? demanda Annie.

— Je l'ignore ! Mais je trouverai bien quelque chose ; n'ai-je pas réussi à expliquer comment un univers naissait de rien !

— Transfert de cochon effectué, conclut Cosmos. Cochon en sécurité et heureux. Nourriture, eau et abri assurés. Menace : zéro.

— Et maintenant...

Quand Éric prenait ce ton, les enfants savaient que le débat était clos.

— … il est temps que je travaille un peu. Je dois continuer de rédiger le discours que je prononcerai à l'université. Et vous deux, je vous rappelle que l'école reprend demain.

Les deux amis sortirent à contrecœur du bureau. Les grandes vacances étaient terminées. Il restait une soirée à Annie pour faire les devoirs qu'elle avait accumulés tout au long de l'été. Pour Georges, c'était l'heure de retourner auprès de sa vraie famille. Il espérait que les bébés ne pleureraient pas non-stop la nuit précédant sa première rentrée dans sa nouvelle école.

— Au revoir, Georges, soupira Annie.

— Au revoir, Annie…

Le lendemain matin, Annie se rendrait dans une école privée, pendant que Georges intégrerait le collège local.

— Pourquoi sommes-nous obligés d'aller dans ces établissements ? grogna Annie tandis qu'ils traînaient près de la porte, aucun des deux ne voulant quitter l'autre. J'aurais préféré une école d'exploration spatiale. Nous serions les premiers de la classe ! À part nous, personne n'a vu de près les anneaux de Saturne. Personne n'a failli tomber dans un lac de méthane sur Titan.

— Ou assisté à un lever de deux soleils, ajouta Georges, qui se rappelait la planète du système stellaire binaire qu'ils avaient visitée par erreur.

— Ce n'est pas juste, grommela Annie. Faire croire que nous sommes deux enfants ordinaires alors que c'est tout le contraire !

— Annie ! cria Éric depuis son bureau. Je t'entends ! On ne va pas dans l'espace tant qu'on n'a pas fait ses devoirs ! C'est la règle et tu le sais très bien.

Annie fit la grimace.

— Que la Force soit avec toi, chuchota-t-elle.

— Et avec toi, répliqua George, avant de prendre le chemin de sa maison.

# Chapitre 4

Le premier jour d'école de Georges se passa dans un tourbillon de longs couloirs et d'emplois du temps confus. Chaque nouvelle heure, il entrait dans une salle qui n'était pas la sienne et côtoyait des élèves qui n'étaient pas de sa classe.

Ce grand collège bruyant le rendait perplexe et l'effrayait un peu. Fred avait-il ressenti la même chose quand ils l'avaient transféré du jardin tranquille de Daniel et Rosemarie à la petite ferme pédagogique animée, puis à l'horrible grosse ferme ? Pas étonnant que Fred ait eu l'air malheureux ! En cette rentrée, même les enfants super confiants en eux de son ancienne école paraissaient perdus et inquiets tandis qu'ils sillonnaient ce collège en forme de labyrinthe et essayaient de trouver la bonne salle de classe. Et là, peu importait si vous n'étiez pas amis en primaire. C'était un tel soulagement de croiser un visage familier au milieu de ces terrifiants adolescents ! Oui, même vos ennemis jurés devenaient soudain vos meilleurs copains.

Georges venait à peine de comprendre où il était censé être que la fin des cours sonna. Il se dirigea vers la sortie. Autrefois, dans son ancienne école, il se cachait dans les toilettes en attendant que tout le monde soit parti, le soir. Il évitait ainsi les attaques surprises des tyrans de sa classe.

C'était avant qu'il voyage à travers l'Univers et éclaircisse de grands mystères cosmiques. Depuis qu'il s'était lié d'amitié avec Annie et passionné pour les merveilles qui entourent notre planète, Georges n'avait plus peur. Après tout, n'avait-il pas affronté un scientifique fou dans un système solaire lointain[1] ? Il ne craignait plus rien à présent !

Entre le collège et sa maison, il pensa à Éric et à son aventure avec Fred la veille au soir. Peut-être devrait-il passer voir son ami et prendre des nouvelles de son cochon ? Georges s'en voulait de ne pas avoir demandé dans quelle région Fred avait été envoyé. Cette jolie vallée se trouvait-elle sur la planète Terre ? À moins que l'intelligent Cosmos ne l'ait expédié dans un endroit lointain et miraculeux qui accueillait la vie telle que nous la connaissons ? Oui, Georges se sentirait beaucoup mieux s'il connaissait l'endroit exact.

Une fois chez lui, il se débarrassa de son cartable dans le couloir et traversa la maison au pas de course. En passant dans la cuisine, il dit un rapide bonjour à sa mère et à ses petites sœurs, puis s'empara d'un muffin aux petits pois et chou-fleur dont il ne fit qu'une bouchée. (Rosemarie, la maman de Georges, ne cuisinait que les légumes de leur jardin. Parfois, elle inventait des recettes étranges mais délicieuses.) Il sortit par la porte de derrière qui donnait sur le jardin où avait vécu Fred. Après s'être faufilé par le trou dans la clôture,

1. Voir *Georges et les trésors du cosmos.*

Georges remonta l'allée des Bellis. Il frappa à la porte. Pas de réponse. Il insista…

La porte s'entrebâilla. C'était Annie. De retour de l'école, elle portait encore son nouvel uniforme vert.

— Ah ! c'est toi, Georges.

Elle ne semblait pas très contente de le voir.

— Salut, Annie ! Qu'est-ce que tu penses de ton école ? La mienne est bizarre mais je crois que je m'y habituerai.

— Euh… pas mal… Tu veux quelque chose ?

Georges fut surpris par sa question. Il venait souvent et jamais elle ne lui demandait la raison de sa visite.

— Oui, en effet. Je voulais voir ton père, au sujet de Fred. J'aimerais lui parler.

— Désolée, mais papa s'est absenté. Je lui dirai que tu es venu. Il t'enverra sûrement un mail plus tard.

Fin de la conversation. Bye bye. Georges n'en croyait pas ses oreilles. Que se passait-il ici ? Soudain, tout devint clair.

— Qui est-ce ? interrogea une voix de garçon derrière Annie.

— Oh ! C'est... hum... un voisin, répondit-elle en lançant des regards perdus, comme coincée entre les deux. Il voulait parler à mon père.

Elle entrouvrit davantage la porte et Georges aperçut l'invité. Plus grand qu'eux deux, il avait les cheveux noirs en brosse, la peau caramel. Comme Annie, il portait un uniforme vert. Il tendit le cou pour saluer Georges.

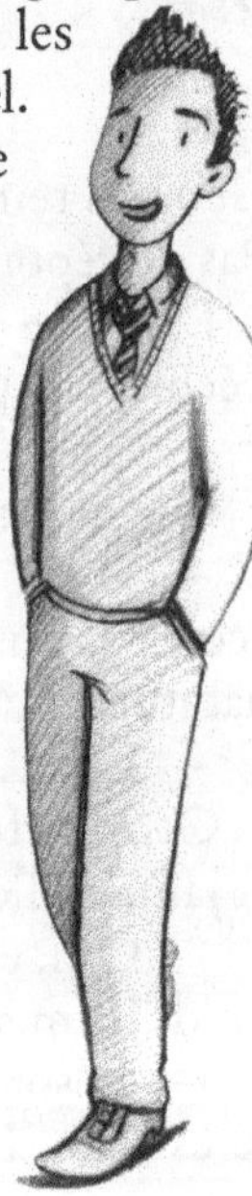

— Bonjour ! Dommage qu'Éric ne soit pas là. Reviens un autre jour. On lui dira que tu es passé.

Georges ne put cacher son ahurissement.

— Au fait, moi, c'est Vincent.

— C'était sa première rentrée là-bas à lui aussi, expliqua Annie en évitant de croiser le regard de Georges.

— Sérieux ? s'étonna Georges. Tu es en cinquième ?

— Tu plaisantes ! s'exclama Vincent, un peu vexé. Je suis en seconde. Je connais Annie depuis quelque temps déjà.

— Ah oui ?

— Le père de Vincent est réalisateur, annonça Annie timidement. (Georges en conclut qu'elle était très impressionnée par ce type.) Il connaît papa ; il a réalisé sa nouvelle série télé.

— Réalisateur, répéta Georges, abattu. Super. Le mien est jardinier bio !

— Bon, c'est pas tout, Annie, coupa Vincent. Faut qu'on y aille.

— Maman nous conduit au skatepark, annonça Annie. Vincent est champion de skateboard.

— Éclatez-vous bien, alors, répliqua Georges, qui tourna les talons.

Annie et Vincent le regardaient depuis le seuil de l'entrée.

Adoptant un air décontracté, Georges choisit de sauter au travers du trou de la clôture, comme il le faisait souvent. Mais, pas de chance, il se prit les pieds dans les planches et se ramassa lourdement par terre. Il ne put s'empêcher de se retourner. Annie et Vincent n'avaient pas bougé. C'était trop injuste : quand il avait frappé, ils n'avaient pas ouvert, et là, ils restaient plantés dehors.

Avec toute la dignité dont il était capable en une telle circonstance, il se redressa et traversa la clôture, comme si de rien n'était. Mais, au-dedans de lui, il se sentait blessé et abandonné. Premier jour d'école, et Annie avait déjà un nouvel ami avec qui faire des trucs cool.

Bilan ?

À présent, Georges n'avait plus ni Fred ni Annie. Seul, déprimé, il rentra en traînant les pieds.

En fin d'après-midi, quand Georges eut fini ses corvées et ses devoirs, il décida de faire un saut à côté, au cas où Éric serait revenu avant Annie et le champion de skateboard.

Comme la porte était entrouverte, il se faufila à l'intérieur. La maison des Bellis était calme, sombre et étrangement froide, comme si l'hiver avait commencé à l'intérieur, tandis que, dehors, l'automne démarrait à peine. Pas un bruit. Rien.

Dans la pénombre, il remarqua soudain une lumière bleu pâle qui filtrait de sous la porte du bureau d'Éric. Il frappa doucement.

— Éric ? appela-t-il, avant de coller l'oreille contre le bois.

Il ne perçut rien d'autre qu'un des bips habituels émis par Cosmos quand il fonctionnait.

Georges hésita. Devait-il ouvrir ? Il ne voulait pas déranger Éric s'il travaillait sur une théorie importante, mais c'était peut-être sa seule chance de le voir en tête à tête. Il poussa donc la porte du bout des doigts.

À moins de considérer Cosmos le superordinateur comme une personne, le bureau d'Éric était désert. Cosmos clignotait tel un sapin de Noël, toutes ses alarmes activées.

De son écran jaillissait deux rayons lumineux – ceux

dont il se servait pour dessiner un portail spatial et les envoyer en promenade dans l'Univers.

Par l'entrebâillement du portail, maintenu ouvert par une chaussure d'Éric, Georges aperçut un cratère et un ciel noir d'encre. Quand il se pencha pour mieux voir, il fut ébloui par un soleil éclatant et dut se cacher les yeux derrière son avant-bras.

Il jeta un coup d'œil à la pièce. Soudain, il remarqua sa vieille combinaison, posée en vrac sur un fauteuil. Il se dépêcha de l'enfiler, vérifia les niveaux dans sa réserve d'oxygène, s'attacha comme Éric le lui avait montré puis s'avança vers cette porte d'entrée dans l'espace.

Les mains protégées par des gants, Georges tira la porte et eut une vue rapprochée de la surface de la Lune, le corps céleste le plus proche de la Terre. Une étendue grise de sol poussiéreux s'étendait devant lui. La lumière crue du Soleil l'éclairait et projetait des ombres épaisses sur les crevasses.

Entre le portail et les montagnes, Georges distingua une petite silhouette qui bondissait vers un cratère au loin. Même s'il portait une combinaison blanche avec casque intégré, Georges reconnut Éric à sa manière joyeuse et maladroite de sauter. Sur Terre, le scientifique traînait les pieds, l'air toujours absent, alors que, dans l'espace, on aurait dit qu'il était libéré des contraintes matérielles et qu'il pouvait enfin savourer les merveilles de l'Univers.

Georges s'élança hardiment, posa une botte puis l'autre sur la Lune. Dès qu'il eut quitté la planète Terre, il se mit à flotter – le sol crissait sous ses pas quand il se posait. À cause de l'apesanteur, il s'élevait d'un bon mètre à chaque pas.

## LA LUNE

*Q: Quand notre lune s'est-elle formée?*
R: On estime que la Lune s'est formée il y a 4 milliards d'années.

*Q: Comment s'est-elle formée?*
R: Les scientifiques pensent qu'un objet de la taille d'une planète a heurté la Terre et provoqué la création d'un nuage poussiéreux brûlant de fragments rocheux qui a été catapulté dans l'orbite terrestre. Tandis que ce nuage refroidissait, ses composants se sont amalgamés et ont formé la Lune.

*Q: Quelle est sa taille?*
R: La Lune est beaucoup plus petite que la Terre – on pourrait faire rentrer 49 Lunes dans la Terre. Elle a aussi moins de gravité. Un poids de 45 kg sur Terre pèse moins de 8 kg sur la Lune.

*Q: Est-elle dotée d'une atmosphère?*
R: Non. Cela explique pourquoi le ciel est toujours noir sur la Lune et, par conséquent, pourquoi les étoiles y sont visibles tout le temps.

*Q: Quelles explications fournissait-on aux gens avant que les scientifiques découvrent les secrets de sa formation?*
R: Il y a très longtemps, les hommes croyaient que la Lune était un miroir ou une coupe de feu dans la nuit. Pendant des siècles, ils ont pensé que la Lune avait des pouvoirs magiques et une influence sur la vie terrestre. D'une certaine manière, ils avaient raison, puisque la Lune a un effet sur la Terre. Mais ce n'est pas de la magie. La gravité de la Lune exerce une attraction sur les océans, ce qui provoque les marées.

# LA LUNE

*Q : La vie peut-elle exister sur la Lune ?*

R : La Lune ne peut pas accueillir la vie, à moins qu'on ne porte une combinaison spatiale. Mais, comme lot de consolation, on est en train de prouver que la Lune contient beaucoup plus d'eau – l'ingrédient primordial pour la vie telle que nous la connaissons – que les scientifiques ne le pensaient il y a encore quelques années. Cela dit, cette eau est gelée, donc les émigrants terriens vers la Lune devront faire des efforts substantiels pour la transformer en un liquide propice à la vie.

*Q : Notre lune a-t-elle été visitée par d'autres civilisations ?*

R : L'objet céleste le plus proche de nous a été visité à 12 reprises par des astronautes venus de la Terre. Entre 1969 et 1972, 12 astronautes de la NASA ont marché à la surface de la Lune. A-t-elle pu être visitée, avant que l'humanité s'installe sur Terre, par des extraterrestres qui auraient laissé des traces derrière eux ? Les aliens auraient-ils pu se rendre chez notre voisine ? C'est un très, très long voyage, mais certains scientifiques examinent de près les roches lunaires pour chercher des indices.

— Salut, les Terriens ! cria Georges entre deux bonds.

Il savait bien que personne sur Terre ne pouvait l'entendre, mais il fallait qu'il marque l'événement. Sertie dans le ciel noir, sa planète mère ressemblait à une pierre précieuse bleu-vert, mouchetée de nuages blancs. Alors qu'Annie et lui avaient vécu plusieurs aventures cosmiques passionnantes auparavant, c'était la première fois qu'il voyait la Terre de si près.

Depuis Mars, ce n'était qu'un petit point brillant dans le ciel.

Depuis Titan, cet étrange satellite glacé de Saturne, Annie et lui n'avaient pas pu la voir à travers les épais nuages de gaz.

Et quand ils avaient atteint le système solaire 55 Cancri, il n'était plus question de voir la Terre. Même à l'aide d'un télescope, ils n'auraient aperçu qu'une légère variation dans la couleur de la lumière provenant de notre soleil, l'étoile au centre de notre système solaire.

Sur la Lune, par contre, il était assez près pour percevoir les détails de notre planète et assez loin pour s'émerveiller de sa beauté.

Après avoir admiré le paysage, il bondit dans la direction d'Éric. Il parcourut la distance qui les séparait en un rien de temps, mais, à son arrivée, le scientifique avait disparu dans un cratère peu profond où il examinait un véhicule lunaire cassé, couvert de poussière, apparemment coincé là.

— Éric ! cria Georges dans son transmetteur. Éric ! C'est moi, Georges !

— Par toutes les ondes gravitationnelles ! s'exclama Éric. Tu m'as fichu une de ces frayeurs ! Je ne m'attendais pas à rencontrer quelqu'un ici.

Il n'avait pas entendu le grand cri de joie poussé par Georges au moment de son premier pas sur la Lune.

— Je suis entré dans votre bureau et le portail était ouvert, expliqua Georges. Que faites-vous ici ?

— Je faisais juste un petit saut, répondit Éric, tel un gamin pris les doigts dans le pot de confiture. Je voulais ramener de petits morceaux de Lune pour les étudier à la maison. Ils me permettront de compléter ma théorie sur les civilisations extraterrestres. S'ils nous ont rendu visite par le passé, disons il y a cent millions d'années, ils ont dû laisser des traces quelque part. Je ne crois pas qu'on ait étudié les pierres de Lune dans cet objectif précis. Je veux examiner des échantillons avec un œil nouveau, chercher des preuves de vie. Et comme on n'est jamais mieux servi que par soi-même ! En plus, regarde sur quoi je suis tombé pendant que je ramassais des pierres. Un rover lunaire !

— Il roule encore ? demanda Georges en rejoignant Éric au fond du cratère.

On aurait dit un buggy accidenté abandonné sur la Lune. Éric grimpa sur le siège conducteur pendant que Georges inspectait le véhicule dans les moindres détails.

— Les batteries doivent être à plat, depuis le temps, supposa Éric, qui l'épousseta avec la manche de sa combinaison.

— Il n'y a pas de volant, remarqua Georges. Comment conduit-on cet engin ?

— Bonne question.

Éric s'essuya le bras sur sa cuisse, laissant au passage de longues traînées de poussière lunaire grise sur le tissu blanc.

— Il doit bien y avoir un interrupteur quelque part…

Il remua le levier de commande en forme de T entre les sièges avant. Aucune réaction. On aurait dit la manette de jeu d'une console. Sous la poussière qu'il ôta avec son pouce, Éric découvrit une série de boutons.

— Ah ah ! s'exclama Éric. Houston ! Nous avons la réponse !

Georges s'approcha d'un bond.

— Que se passe-t-il si on appuie sur un de ces trucs ? demanda-t-il, tout excité. On essaie ?

Il espérait qu'Éric ne jouerait pas les adultes rabat-joie en lui interdisant de toucher le buggy lunaire d'un autre.

— On va se gêner ! répliqua le scientifique.

Il appuya sur les boutons les uns après les autres ; au moment où il poussa de nouveau le levier de commande, le rover partit en avant. Ce mouvement soudain et inattendu les catapulta dans les airs, loin du véhicule.

— Il s'en va ! cria Éric. Georges, peux-tu le pousser pendant que je le dirige hors du cratère ? Tu devrais y arriver avec l'apesanteur.

— Pourquoi c'est moi qui pousse ? grommela Georges. Pourquoi je ne peux pas conduire ?

Néanmoins, il prit position derrière le rover lunaire et s'arc-bouta. Éric inclina le levier de commande. Le buggy patina, si bien que Georges reçut une pluie de pierres mêlées de poussière.

— Plus fort ! lui ordonna Éric.

Georges poussa de toutes ses forces et le rover sortit du cratère. Il se retrouva dans la plaine au-dessus.

— Voilà qui est mieux, commenta Éric.

Il sauta du siège conducteur et tapota le véhicule, l'air admiratif.

— Quel engin ! Il n'a pas servi depuis quarante ans et il marche encore ! J'appelle ça une bonne vieille caisse.

— À qui appartient ce buggy ? demanda Georges, gris de la tête aux pieds.

— À la mission *Apollo*, je dirais. Eh ! Regarde là-bas ! Ce doit être l'étage de descente du module lunaire !

Il désignait un objet à quatre pattes au loin.

— C'est un morceau de l'histoire spatiale !

Il y eut un bref silence alors qu'ils s'émerveillaient devant leur découverte. Puis, soudain, Éric réalisa qu'il se promenait sur la Lune en compagnie de son petit voisin, un collégien prénommé Georges.

— Mais qu'est-ce que tu fabriques ici ?

— Je suis venu vous demander des nouvelles de Fred. Vous ne m'avez pas dit où se trouvait sa nouvelle maison. Je ne sais même pas sur quelle planète il vit.

— Oh, quatre quarts de quasar ! s'exclama Éric en se frappant le casque avec son gant. Je ne le sais pas non plus ! Il faut poser la question à Cosmos. Ne t'inquiète pas, Fred se porte bien et il est en sécurité, il nous suffit simplement de découvrir où. Aurais-je oublié autre chose ?

Éric était étourdi, et il l'admettait bien volontiers lui-même. Cependant, il n'oubliait jamais les choses importantes comme ses théories sur l'Univers, contrairement à des détails quotidiens comme mettre des chaussettes ou prendre un déjeuner.

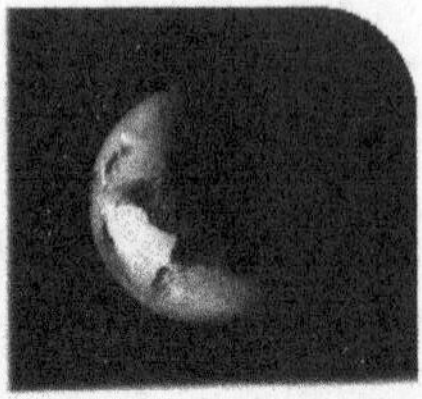

— Vous n'avez pas oublié. C'est moi qui ne vous l'ai pas demandé.

— Demandé quoi ? voulut savoir Éric.

— À propos de votre travail. Sur les origines de l'Univers. N'est-ce pas dangereux ?

— Non, Georges. Ce n'est pas dangereux. En fait, ce le serait si nous ne nous penchions pas sur le sujet, si nous nous basions sur des spéculations.

Il se tut un instant.

— Nous essayons de comprendre comment ce magnifique Univers… (Éric balaya devant lui les montagnes escarpées, l'immense ciel noir, la bulle bleue au-dessus du paysage lunaire.) … est né. Nous voulons savoir comment et pourquoi ces milliards d'étoiles, ces belles et infinies galaxies, ces planètes, ces trous noirs et les incroyables diverses formes de vie sur Terre sont arrivés. Comment tout a commencé. Nous voulons remonter jusqu'au Big Bang pour le découvrir. Cette science se nomme la « cosmologie ». Le Grand Collisionneur de hadrons nous permettra de recréer les premiers instants du temps afin

de mieux comprendre la manière dont s'est formé l'Univers.

« Ni nos expériences, ni le LHC ne sont dangereux. Le seul vrai danger vient des personnes qui veulent nous arrêter. Pourquoi refusent-elles que les secrets de la naissance de l'Univers soient révélés ? Pourquoi cherchent-elles à effrayer les gens ? Pourquoi les poussent-elles à se méfier de la science ? C'est un mystère pour moi.

— Mais ces gens risquent de vous blesser, vous et vos collègues !

— Je ne le pense pas. Ce sont de vrais fléaux, mais ils n'ont même pas le courage de montrer leur visage. Nous ne craignons pas grand-chose. Oublie-les, Georges. Oublie cette bande de losers.

Le collégien se sentait beaucoup mieux à présent. Il était rassuré à la fois pour Fred et pour les origines de l'Univers. Il ne fallait pas tout voir en noir. Éric et lui se retournèrent et bondirent jusqu'au portail qui miroitait au loin. D'habitude, ils le fermaient derrière eux lors de leurs aventures spatiales, mais Éric n'avait compté s'absenter que quelques petites minutes. Voilà pourquoi il l'avait coincé avec une vieille chaussure.

Avant d'en atteindre le seuil, il sortit son appareil photo de sa poche.

— En souvenir. Ouistiti ! cria-t-il en les prenant en photo tandis que Georges brandissait ses deux pouces.

— Quelqu'un va remarquer qu'on a déplacé le rover, s'inquiéta Georges.

— Seulement s'il y regarde de très près, répondit Éric. Cette partie de la Lune n'est pas sous surveillance constante. C'est pour ça que j'ai choisi cet endroit plutôt qu'un autre pour alunir.

— En tout cas, on a fait du bon travail : on a sorti ce rover du cratère et on l'a remis en route.

— Une minute ! le coupa Éric en levant les yeux vers le ciel. Cette lumière, là-bas. Ce n'est pas une comète…

Une tête d'épingle lumineuse s'approchait d'eux.

— Qu'est-ce que c'est ?

— Je l'ignore… Mais, à mon avis, cette lumière a été fabriquée par l'homme. Il est temps de partir. J'ai les échantillons qu'il me faut… Du balai !

Ensemble, ils sautèrent au travers du portail spatial de Cosmos.

## LA CRÉATION DE L'UNIVERS

Il existe de nombreuses histoires sur la manière dont le monde a commencé. Par exemple, selon les Bushong, un peuple d'Afrique centrale, au début, il n'y avait que l'obscurité, l'eau et le grand dieu Bumba. Un jour, Bumba, qui souffrait d'une douleur au ventre, vomit le Soleil. Celui-ci assécha une partie de l'eau et la terre apparut. À nouveau pris de crampes, il vomit la Lune, les étoiles puis quelques animaux – le léopard, le crocodile, la tortue – et, enfin, l'homme.

D'autres peuples racontent d'autres histoires, preuve que, très tôt de par le monde, on a cherché à répondre à ces grandes questions :

- Pourquoi sommes-nous ici ?
- D'où venons-nous ?

La première preuve scientifique donnant un début de réponse à ces questions fut apportée il y a environ quatre-vingts ans. On découvrit que d'autres galaxies s'éloignaient de nous. L'Univers s'agrandit. Les galaxies s'écartent de plus en plus. On peut en conclure qu'elles étaient plus rapprochées dans le passé. Il y a presque 14 milliards d'années, l'Univers devait être très chaud et très dense, un état qu'on a appelé le « Big Bang ».

L'Univers a commencé lors de l'expansion de plus en plus rapide du Big Bang. Ce phénomène se nomme l'« inflation », comme dans les magasins quand les prix ne cessent d'augmenter. Dans l'Univers primordial, l'inflation était bien plus rapide que celle des prix. Pour nous, l'inflation est élevée quand les prix ont doublé en une année. L'Univers, lui, a doublé de taille plusieurs fois en une petite fraction de seconde.

À cause de l'inflation, il est devenu très large, très lisse et très plat. Enfin... pas complètement lisse : il existait de minuscules variations à certains endroits de l'Univers primordial. Ces variations provoquèrent de légères différences de température, que nous observons aujourd'hui dans le fond diffus cosmologique. Ces variations impliquent que certaines régions s'agrandiront un peu moins vite. Les régions plus lentes cesseront de s'étendre et s'effondreront de nouveau, formant des galaxies et des étoiles. Nous devons notre existence à ces variations. Si l'Univers primordial avait été complètement lisse, il n'y aurait eu ni galaxies ni étoiles, et la vie n'aurait pas pu se développer.

*Stephen*

# Chapitre 5

Ils dégringolèrent dans le bureau en désordre. Ils étaient tellement pressés de ne pas se faire remarquer par le mystérieux satellite qu'ils s'empêtrèrent dans leurs combinaisons spatiales désormais plus grises que blanches.

— Le portail est fermé, les informa Cosmos. Vous avez été ramenés sur la troisième planète à partir du Soleil.

— Cosmos, ton QI va au-delà de l'infini, remarqua Georges qui savait à quel point le superordinateur appréciait les compliments.

— Cela est techniquement impossible, répliqua Cosmos, dont l'écran rosit de plaisir. Néanmoins, je dois admettre que je suis d'accord avec toi.

Dès qu'il se fut relevé, Georges se tortilla pour se déshabiller. Par terre, la combinaison spatiale ressemblait à un cocon de chenille après l'envol du papillon. De son côté, Éric n'avait pas pris le temps de se dévêtir et emballait soigneusement ses précieux morceaux de pierre de Lune. Soudain, ils perçurent des bruits de pas dans le couloir.

— Vite ! souffla Éric. Cache ta tenue !

Georges se dépêcha de la fourrer dans un grand

placard. L'air était imprégné de particules de poussière lunaire.

— Il y a quelqu'un ? cria Éric. Suzanne, c'est toi ?

Après leur dernière expédition, quand ils avaient failli ne pas revenir d'un système solaire situé à 41 années-lumière de notre galaxie, la maman d'Annie avait interdit aux enfants d'accompagner Éric dans l'espace.

— Oui, c'est nous, répondit Suzanne.

Elle n'entra pas dans le bureau mais se rendit directement dans la cuisine. Un deuxième bruit de pas annonçait le retour d'Annie.

— C'était super cool ! s'exclama-t-elle en ouvrant en grand la porte. Papa, je pourrais avoir un skateboard pour mon anniv… ?

Elle resta muette de surprise.

— Pourquoi portes-tu ta combinaison spatiale ? Pourquoi Georges est-il ici ?

— Chut !!

— Non ! Tu n'as pas… ? Vous n'avez pas… ? Vous n'êtes pas allés dans l'espace sans moi ?

Elle foudroya Georges du regard.

— Tu étais au skatepark ! C'était… super cool. Plus cool que la Lune, moi je dirais.

Annie semblait sur le point d'entrer en éruption. Déconcerté, Éric avait l'impression d'entendre les enfants parler vulcanien et, sur le coup, il n'aurait pas dit non à un interprète.

— J'y vais ! conclut Georges. C'est l'heure de manger. Au revoir, Annie ! Au revoir, Éric ! Au revoir, Suzanne !

Au moment où il franchissait le seuil, Suzanne l'interpella :

— Tu n'as pas oublié la conférence de demain soir, j'espère ? Nous avons ton billet…

Le lendemain, comme convenu, Georges se rendit chez les Bellis pour faire le trajet avec Suzanne et Annie jusqu'à l'université d'Éric. Annie ne fut pas ravie de le voir.

— Alors, c'était comment, la Lune ? gronda-t-elle tandis qu'ils attachaient leur casque de vélo. Non, ne me dis rien. Je parie 1 000 milliards d'euros que c'était nul.

— Mais tu étais au skatepark ! protesta Georges.

Avec Vincent. Tu ne m'as pas demandé de vous accompagner.

— Tu n'as pas dit que tu voulais venir ! marmonna Annie. Depuis quand tu aimes le skateboard ? Par contre, tu sais très bien que je rêve de me rendre sur la Lune. C'est l'endroit que je préfère dans l'Univers. Et tu y es allé sans moi. Tu n'es plus mon ami.

Même si Annie se comportait de manière tout à fait injuste, Georges se trouva à court de réponse. Pourquoi lui reprochait-elle son escapade avec Éric alors que, de son côté, elle s'amusait avec Vincent, le fils du réalisateur de films ? Mais il ne pouvait pas lui poser cette question. Il se contenta donc d'effectuer des cercles à vélo devant leurs maisons, l'air rebelle, jusqu'à ce que Suzanne sorte avec un grand carton qu'elle posa en équilibre sur son guidon.

— Allez, vous deux ! s'exclama-t-elle d'un ton joyeux.

Elle avait décidé d'ignorer le fait que les deux amis boudaient, et prit la direction du centre-ville.

Depuis des siècles, le département de Mathématiques occupait un grand bâtiment dans une ruelle étroite au cœur du vieux Foxbridge. Quand ils quittèrent la voie cyclable pour s'y engager, ils rencontrèrent tellement de personnes qu'ils durent descendre de bicyclette.

— Laissons nos vélos ici, décida Suzanne en désignant un râtelier. On ne pourra pas s'approcher, sinon.

Bientôt, ils se frayaient un chemin parmi la foule vers

l'entrée – une volée de marches qui menait à une porte vitrée à double battant flanquée de colonnes. Là, un officiel de l'université jetait des regards anxieux vers la masse grouillante.

— Qui sont tous ces gens ? demanda Annie.

— Ils sont venus écouter le discours de ton père, expliqua Georges à Annie.

La foule qui piétinait autour d'eux se dirigeait vers le vieux bâtiment en pierre dont le portique comportait l'inscription suivante : *AD EUNDEM AUDACTER* – « avancer avec audace ».

— Pourquoi ? marmonna Annie, qui peinait à suivre son ami. Je ne pensais pas que tant de personnes étaient intéressées par les maths !

Jouant des coudes, ils finirent par atteindre les marches et les gravirent. En haut, l'officiel leur barra le passage.

— Attendez en bas, comme les autres !

— Veuillez m'excuser, répondit poliment Suzanne, mais je suis l'épouse du professeur Bellis ; voici sa fille Annie et son ami Georges. Nous sommes venus préparer la salle.

— Oh ! Je suis désolé, madame Bellis, s'excusa l'homme. Nous n'installons pas de dispositif de sécurité en temps normal : le département de Mathématiques ne suscite jamais autant d'intérêt.

Il sortit un mouchoir et s'essuya le front avant de continuer :

— On dirait que votre mari a acquis une certaine célébrité.

Alors qu'ils se tournaient vers la foule, Suzanne et les enfants constatèrent de l'agitation dans le fond.

— Arrêtez ce scientifique criminel ! s'exclama un groupe vêtu de noir, masqué, bannière au poing. Ne laissez pas les progrès de la science détruire notre Univers !

L'air horrifié, l'officiel dégaina son talkie-walkie.

— Ici le département de Maths, envoyez des renforts. Entrez vite, madame Bellis, ordonna-t-il tout

en lui maintenant la porte ouverte. Nous allons nous occuper d'eux. Nous ne tolérons pas ce genre de comportement à Foxbridge.

# Chapitre 6

Dès qu'ils furent à l'intérieur, Suzanne se dépêcha d'éloigner les enfants des portes et de les conduire à l'auditorium.

— Ne faites pas attention à ce qu'il se passe dehors. Vous pouvez déposer un exemplaire de ceci sur chaque siège ? leur demanda-t-elle calmement tout en leur remettant un petit carton rempli de dizaines de paires de lunettes noires.

Bientôt, Éric monterait sur l'estrade et donnerait sa première conférence publique en tant que nouveau professeur de mathématiques dans la prestigieuse université de Foxbridge.

Annie et Georges longèrent les rangées de chaises

et déposèrent les lunettes. Annie, qui avait eu très peur des manifestants, tremblait encore.

— Maman, que voulaient ces gens ? s'enquit-elle. Ils font tous partie des Barges, cette organisation dont papa nous a parlé ?

— Je ne sais pas, admit Suzanne. Apparemment, ils s'opposent aux expériences de ton père pour l'exploration des origines de l'Univers. Ils pensent qu'elles sont trop dangereuses, qu'il faut les arrêter avant qu'elles n'aillent trop loin.

— Mais c'est n'importe quoi ! intervint Georges. Nous savons que les expériences d'Éric ne sont pas risquées. Il est sur le point de nous en apprendre plus sur la naissance de l'Univers ! Il va placer les dernières pièces d'un puzzle sur lequel les scientifiques travaillent depuis toujours ! On ne peut pas arrêter le jeu avant d'avoir vu l'image entière !

Tout à coup, la porte s'ouvrit sur un garçon de grande taille qui se rua sur eux. Il bondit de son skateboard et atterrit à côté de Georges. Les roues de la planche tournaient encore quand il la saisit au vol.

— Ta da ! lança-t-il.

— Vincent ! s'écria Annie, enchantée. Je ne savais pas que tu venais ! Au moins, j'aurai un ami ici, ajouta-t-elle en regardant avec insistance dans la direction de Georges.

— Je croyais que personne ne pouvait entrer, bougonna celui-ci, franchement contrarié par cette apparition.

— Ils viennent juste d'ouvrir, répliqua Vincent. Un coup de skate et je les ai tous grillés.

— Les cinglés en noir sont partis ? l'interrogea Annie.

À présent, les gens s'engouffraient dans la grande salle, s'asseyaient, examinaient les lunettes noires posées sur leur siège en se demandant à quoi elles leur serviraient.

— Ouaip ! Ils ont fiché le camp. « Scientifique criminel » ! N'importe quoi. Faudrait les enfermer, ces gars-là.

Annie n'arrêtait pas de décocher des sourires à Vincent. Georges avait bien envie de lui tirer la queue-de cheval, histoire de la calmer.

— L'un d'eux a essayé de me parler, ajouta Vincent, qui faisait tournoyer son skate avec son pied gauche.

— Qu'est-ce qu'il t'a dit ? demanda Georges.

— C'était pas très clair. Avec son masque sur la

bouche, on aurait dit qu'il marmonnait derrière une chaussette en laine. En tout cas, il répétait le même mot.

— Quel mot ? fit Georges, soudain curieux.

— Pour être honnête avec toi, mec, j'ai cru reconnaître ton prénom.

— C'est bizarre, commenta Annie.

— Je me suis peut-être trompé. Il parlait sûrement la langue de son pays des fous-furieux-qui-se-déguisent-pour-faire-peur-à-la-population. Mon père a les mêmes problèmes lors des avant-premières de ses films. Vous savez, le jour où des fans hystériques vous collent aux baskets, là vous pouvez vous dire que vous êtes célèbre !

— Oh ! lâcha Annie, béate d'admiration. Une avant-première de film… Ce doit être un truc de ouf.

— Oui, un truc de ouf, répéta Georges.

Il n'avait même pas dit ça sur un ton sarcastique, tellement il était préoccupé par ce manifestant qui connaissait son prénom. Il devait y avoir un lien, supposa-t-il, entre la réunion secrète dans la cave abandonnée sous une tour de Foxbridge et ces cinglés à l'extérieur. Qui d'autre traiterait Éric de scientifique criminel et malfaisant, sinon ces silhouettes noires persuadées que son travail réduirait l'Univers à néant en une poignée de minutes ? Une question demeurait : d'où tenaient-elles son nom ?

À cet instant, les lumières de la salle clignotèrent plusieurs fois de suite et une voix désincarnée – Cosmos, reconnurent Georges et Annie – demanda aux assistants de bien vouloir gagner leur place.

— Mesdames et messieurs, enfants et voyageurs cosmiques, poursuivit la voix, aujourd'hui, j'ai le plaisir de vous offrir un voyage qu'aucun d'entre vous n'a jamais effectué. Dans un instant, mesdames et messieurs, enfants et voyageurs cosmiques, vous allez partir à la rencontre de l'Univers !

Et la salle fut plongée dans l'obscurité.

# Chapitre 7

Georges, Annie et Vincent se dépêchèrent de s'installer au bout de la première rangée. Il restait une place à côté de Georges, mais le reste de la salle était bondé. Dans le noir, les gens remuèrent puis le silence s'établit.

— Voyageurs cosmiques ! déclara Cosmos, dont la voix résonnait avec magnificence. Tenez-vous prêts, car nous avons plusieurs milliards d'années à parcourir. Je vous emmène au début de l'Univers, afin que vous compreniez comment tout a commencé.

« J'aimerais maintenant que vous mettiez vos lunettes. Nous souhaitons vous montrer l'éclat et la brillance, et il ne faudrait pas endommager vos yeux.

Au-dessus du public, une lumière blanche et extrêmement vive, grosse comme une tête d'épingle, venait d'apparaître au milieu de l'obscurité la plus totale. Soudain, Georges remarqua que le siège à côté de lui était occupé. Un homme s'était faufilé jusque-là. Au moment où Georges se tournait vers lui, Cosmos projeta un immense flash de lumière qui illumina les lieux. Il dura assez longtemps pour que Georges constate que son voisin portait une paire de lunettes très inhabituelles :

au lieu d'être transparents ou teintés, les verres étaient jaune vif, tout comme la monture.

Georges n'avait vu ce genre d'accessoire qu'une seule fois dans sa jeune vie : quand Cosmos, Annie et lui avaient sauvé Éric du trou noir dans lequel il était tombé[1]. En ressortant, le scientifique portait une paire identique. Elle ne lui appartenait pas. En fait, le mystère entourant la présence d'un tel objet au milieu d'un trou noir supermassif n'avait jamais été résolu.

— Où vous êtes-vous procuré ces lun… ? s'enquit Georges, mais sa voix fut engloutie par celle de Cosmos.

1. Voir *Georges et les secrets de l'Univers.*

— Notre histoire commence il y a 13,7 milliards d'années.

Tandis qu'il parlait et que la salle plongeait à nouveau dans le noir, le minuscule point lumineux se mit à planer au-dessus de leurs têtes.

— À cette époque, tout ce que nous voyons aujourd'hui dans l'Univers – et tout ce que nous ne voyons pas parce que c'est invisible – était une minuscule moucheture, bien plus petite qu'un proton.

« L'espace disponible était minuscule lui aussi, si bien que tout était compressé. Remontons le temps aussi loin que nous le pouvons. Les conditions d'alors étaient si extrêmes que la physique ne peut pas décrire exactement ce qu'il se passait à ce moment-là. Mais il semblerait que l'espace tel que nous le connaissons est né il y a 13,7 milliards d'années avant de s'étendre.

Le point lumineux grossit brusquement, tel un ballon que l'on aurait gonflé. Il était un peu transparent

et des volutes éclatantes dansaient à sa surface. Sinon, il ne semblait rien contenir.

— Cette soupe bouillante, poursuivit Cosmos, va devenir notre Univers. Remarquez que l'Univers ne représente que la surface de la sphère. Cela est un modèle bidimensionnel d'un espace tridimensionnel. Plus la sphère grossit, plus la surface s'étend et le contenu se répand.

« Le temps a aussi commencé avec l'espace. Il s'agit de l'image traditionnelle du Big Bang : tout – y compris l'espace et le temps – apparaît très soudainement au début de l'histoire.

Au même instant, le ballon explosa dans les airs et parut absorber les auditeurs sous sa surface brûlante et tourbillonnante. Les couleurs se tordirent, pâlirent puis se fragmentèrent avant de faire place à l'obscurité.

— Cela s'est-il vraiment passé ainsi ? les questionna Cosmos. Certains scientifiques se demandent si le Big Bang marque réellement le début de notre histoire. Nous n'en sommes pas certains. Mais reprenons une minuscule fraction de seconde avant le Big Bang, quand l'Univers observable était réduit à une petite quantité d'espace pas plus grosse qu'un proton.

— Imaginez…, enchaîna une deuxième voix, et un spot éclaira Éric, debout sur l'estrade, un grand sourire aux lèvres.

Aussitôt, un tonnerre d'applaudissements salua son apparition.

— Imaginez que vous êtes assis à l'intérieur de l'Univers à cette époque très, très reculée…

# LE BIG BANG – CONFÉRENCE SCIENTIFIQUE

Imaginez que vous êtes assis à l'intérieur de l'Univers à cette époque très, très reculée (apparemment, on ne pouvait pas s'asseoir *à l'extérieur*). Vous devez être très résistants, parce que les températures et les pressions sont incroyablement élevées dans cette soupe.

Ce serait une petite fraction de seconde après le Big Bang, et, dans toutes les directions, le paysage serait à peu près le même. Il n'y a pas de boule de feu filant vers l'extérieur, mais une mer chaude de matériaux qui remplit tout l'espace. Quel est ce matériau ? Nous ne le savons pas de façon certaine ; peut-être des particules d'un type que nous ne voyons pas de nos jours, ou de petites boucles de « corde ». En tout cas, ce devait être des éléments « exotiques » impossibles à voir maintenant, même dans nos plus grands accélérateurs de particules.

Ce petit océan de matière exotique très chaude s'étend en même temps que l'espace qu'il remplit grossit. De la matière s'éloigne de vous dans toutes les directions et l'océan devient moins dense. Plus loin est la matière, plus l'espace entre vous et elle s'étend, plus vite elle s'éloigne. Le matériau le plus proche de vous dans cet océan s'écarte plus rapidement qu'à la vitesse de la lumière.

Beaucoup de changements compliqués se produisent à présent très vite – tous dans la première seconde après le Big Bang. L'expansion du minuscule Univers permet au fluide exotique brûlant du petit océan de refroidir. D'où des changements soudains, comme quand l'eau se modifie en refroidissant et devient de la glace.

Tandis que l'Univers primordial est encore bien plus petit qu'un atome, un de ces changements dans le fluide provoque une accélération incroyable de la vitesse de l'expansion ; il s'agit de l'« inflation ». La taille de l'Univers double environ 90 fois de suite, passant de l'échelle subatomique à l'échelle humaine. Comme on ajuste son couvre-lit le matin, cette énorme extension aplatit toutes les grosses bosses afin que l'Univers que nous voyons aujourd'hui soit très lisse et quasiment le même dans toutes les directions.

Par ailleurs, des ondulations microscopiques dans le

fluide s'étirent et grossissent, déclenchant plus tard la formation des étoiles et des galaxies.

L'inflation se termine de manière abrupte et relâche une grande quantité d'énergie, ce qui crée de nouvelles particules. La matière exotique disparaît, remplacée par des particules plus familières : les quarks (qui composent les protons et les neutrons, même s'il fait encore trop chaud pour qu'ils se forment), les antiquarks, les gluons (qui circulent entre les quarks et les antiquarks), les photons (particules qui composent la lumière), les électrons et d'autres particules bien connues des physiciens. Il y a peut-être aussi des particules de matière noire. Bien qu'elles doivent apparaître, nous ignorons encore ce qu'elles sont.

Où est allée la matière exotique ? Une partie a été rejetée loin de nous pendant l'inflation, vers des régions de l'Univers que nous ne verrons sûrement jamais. Une autre s'est détériorée pour former des particules moins exotiques tandis que la température chutait. Le matériau autour est à présent beaucoup moins chaud et dense qu'il ne l'était, mais toujours plus chaud et plus dense que n'importe où aujourd'hui (y compris dans les étoiles). L'Univers est désormais envahi par un brouillard bouillant et lumineux (ou plasma) composé principalement de quarks, d'antiquarks et de gluons.

L'expansion se poursuit (à une vitesse plus lente qu'au moment de l'inflation) et, finalement, la température chute assez pour que les quarks et les antiquarks se regroupent par deux ou trois, forment des protons, des neutrons et d'autres particules d'un type connu sous le nom de hadrons, mais aussi des antiprotons, des antineutrons et autres antihadrons. Néanmoins, on ne voit pas encore grand-chose au travers de ce plasma brumeux et lumineux alors que l'Univers est vieux d'une seconde.

Maintenant, au cours des secondes suivantes, se produisent des feux d'artifice tandis que, dans leur majeure partie, la matière et l'antimatière produites jusqu'à présent s'annihilent l'une l'autre et donnent naissance à des quantités astronomiques de nouveaux photons. À présent, le brouillard se compose principalement de protons, de neutrons, d'électrons, de matière noire et, surtout, de photons ; mais les protons et les électrons chargés empêchent les photons de voyager très loin, si bien que la visibilité dans ce brouillard qui s'agrandit et refroidit est encore très faible.

Quand l'Univers a quelques minutes, les protons et les neutrons survivants s'associent pour former des noyaux atomiques, principalement d'hydrogène et d'hélium. Comme ils sont encore chargés, le brouillard reste impénétrable. À ce moment-là, le matériau brumeux ressemble beaucoup à ce qu'on pourrait trouver à l'intérieur d'une étoile actuellement, mais, bien entendu, il remplit tout l'Univers.

Après l'action frénétique des premières minutes de vie, l'Univers demeure à peu près le même pendant les quelques centaines de milliers d'années suivantes. Il continue à s'étendre et à refroidir. L'épaisseur du brouillard chaud diminue peu à peu, il devient plus terne et plus rouge, tandis que les longueurs d'onde de la lumière sont étirées par l'expansion de l'espace. Ensuite, après 380 000 années, quand la partie de l'Univers que nous verrons de la Terre a grossi au point de mesurer des millions d'années-lumière, le brouillard se dissipe enfin. Les électrons sont capturés par les noyaux d'hydrogène et d'hélium pour former des atomes entiers. Vu que les charges électriques des électrons et des noyaux s'annulent, les atomes complets ne sont pas chargés. Les photons peuvent donc voyager sans interruption : l'Univers est devenu transparent.

Après cette longue attente dans le brouillard, que voyez-vous ? Une lueur rouge et pâle dans toutes les directions, qui devient de plus en plus rouge et obscure tandis que l'expansion de l'espace continue d'étirer les longueurs d'onde des photons. Finalement, la lumière cesse d'être visible et l'obscurité règne partout. Nous sommes entrés dans les « âges sombres ».

Les photons de cette dernière lueur ont voyagé à travers l'Univers depuis. Ils sont graduellement devenus plus rouges. Aujourd'hui, on peut les détecter en tant que fond diffus cosmologique, ou rayonnement fossile, et ils parviennent encore sur Terre de toutes les directions.

Les âges sombres durent depuis quelques centaines de millions d'années, période pendant laquelle il n'y a littéralement rien à voir. L'Univers est encore rempli de matière – de matière noire en très grande partie – et le reste est composé d'hydrogène et d'hélium. Aucun de ces gaz ne produit de lumière nouvelle. Dans l'obscurité, des changements discrets s'effectuent néanmoins.

Les ondulations microscopiques, amplifiées par l'inflation, impliquent que certaines régions contiennent légèrement plus de masse que la moyenne. Cela accroît l'influence de la gravité dans ces régions, apporte encore plus de masse, et la matière noire, l'hydrogène et l'hélium déjà présents sont davantage attirés les uns par les autres. Lentement, pendant des millions d'années, des paquets denses de matière noire et de gaz s'assemblent à la faveur de cette gravité accrue, grossissent car ils attirent toujours plus de matière, entrent en collision avec d'autres paquets, fusionnent avec eux. Chaque fois que le gaz tombe dans ces paquets, les atomes accélèrent et s'échauffent. De temps à autre, le gaz devient assez chaud pour arrêter l'effondrement, sauf s'il refroidit en émettant des photons ou est compressé par une collision avec un autre nuage de matière.

Si le nuage de gaz s'effondre assez loin, il se brise en masses sphériques si denses que la chaleur intérieure ne peut plus sortir. Finalement, on arrive à un point où les noyaux d'hydrogène situés dans le cœur des masses sont si chauds et serrés les uns contre les autres qu'ils commencent à fusionner et à former des noyaux d'hélium, puis à relâcher de l'énergie nucléaire. Vous êtes assis à l'intérieur d'un de ces paquets effondrés de matière noire et de gaz (parce que c'est là que sera la galaxie de la Terre un jour), et vous êtes surpris quand l'obscurité autour de vous est brisée par une masse proche qui émet soudain une lumière vive. Les premières étoiles sont nées et les âges sombres sont terminés.

Les premières étoiles brûlent vite leur hydrogène et, au cours de leurs dernières étapes, elles fusionnent avec n'importe quel noyau atomique qu'elles trouvent pour créer des atomes plus lourds que l'hélium : le carbone, l'azote, l'oxygène, et les autres types d'atomes plus lourds qui nous entourent, et sont en nous, aujourd'hui. Ces atomes sont dispersés telles des cendres dans les nuages de gaz proches lors de grandes explosions, puis sont balayés au moment de la création de la génération suivante d'étoiles. Le processus continue : de nouvelles étoiles se forment à partir des gaz et des cendres accumulés, meurent et fabriquent davantage de cendres. Pendant que des étoiles plus jeunes sont créées, la silhouette en spirale familière de notre galaxie – la Voie lactée – prend forme. Le même phénomène se produit dans des paquets identiques de matière noire et de gaz éparpillés dans l'Univers visible.

Neuf milliards d'années se sont écoulées depuis le Big Bang, et à présent une jeune étoile entourée de planètes, composée d'hydrogène, d'hélium et de cendres d'étoiles mortes, prend forme et s'enflamme.

Encore 4,5 milliards d'années, et la troisième planète à partir de cette étoile sera le seul lieu de l'Univers connu où les hommes pourront mener une existence confortable. Ils… *nous* verrons les étoiles, les nuages de gaz et de poussière, les galaxies et le fond diffus cosmologique partout dans le ciel – mais pas la matière noire, qui constitue le principal. Nous ne verrons pas non plus ces régions si lointaines que les photons du fond diffus cosmologique qui en sont issus ne nous ont pas encore atteints. Oui, il existe certainement des zones de l'Univers dont la lumière n'atteindra jamais notre planète.

Notre magnifique Terre…

# Chapitre 8

Dès qu'Éric eut terminé son discours et que les lumières se rallumèrent, tout le monde se leva d'un bond et applaudit à tout rompre pendant un long moment.

Modeste, Éric s'inclina à plusieurs reprises, puis il descendit de l'estrade. Une fois en bas, il fut assailli par une nuée d'admirateurs. Les flashes crépitaient, les caméras de télévision filmaient le moindre de ses gestes. L'attroupement était tel qu'Annie et Georges abandonnèrent tout espoir de le rejoindre. Lentement, la pression de la foule les obligea à reculer loin de la star du jour.

Les joues d'Annie étaient rouges d'enthousiasme.

– Un truc de ouf, ne cessait-elle de répéter en boucle.

De son côté, Vincent semblait hypnotisé, comme s'il avait regardé le cœur d'une étoile incandescente et ne pouvait pas revenir à la réalité sur la planète Terre.

Soudain, Georges perçut un toussotement poli mais insistant derrière lui. Il se retourna. Son voisin lors de la conférence se tenait devant lui. Georges le trouva plutôt âgé, avec ses cheveux blancs et sa légère moustache retombante. Il portait un costume en tweed et la

chaîne d'une montre à gousset dépassait de son gilet. Le vieil homme le prit par le bras.

— Tu étais assis à côté de la fille d'Éric, lui chuchota-t-il, l'air pressé. Tu connais Éric ?

— Oui..., répondit Georges en tentant de reculer, car les moustaches du vieillard lui chatouillaient presque le visage.

— Comment t'appelles-tu ?

— Georges.

— Ramène-le-moi, Georges ! lui ordonna-t-il. Je dois absolument lui parler. C'est très important.

Comme le vieil homme portait des lunettes ordinaires, Georges se demanda s'il n'avait pas imaginé l'autre paire.

— Mais qui êtes-vous ? interrogea Georges.

Le vieil homme fronça les sourcils.

— Tu l'ignores ?

Georges fouilla dans sa mémoire. Avait-il déjà rencontré cet homme ? Non, il ne s'en souvenait pas. Pourtant, il dégageait quelque chose de familier... sa manière de parler, par exemple... qui semait le doute chez le collégien.

— Tu me reconnais, dis ? insista-t-il. Je suis sûr que tu sais mon nom.

Georges ratissa tous les recoins de sa cervelle sans trouver le moindre indice. L'air embarrassé, il secoua la tête.

— Vraiment ? s'exclama l'homme, dépité. J'étais assez célèbre, à mon époque. Tous les enfants connaissaient mes théories. Ne me dis pas que tu n'as jamais entendu parler de Zuzubin ?

La mine décomposée, Georges grimaça.

— Non, je suis désolé, monsieur Zuzubin...

Il ne put terminer sa phrase.

— Voilà qui me rend triste, murmura le vieillard. J'étais le tuteur d'Éric, figure-toi.

— Ça me revient, maintenant ! s'écria Georges, soulagé. Je vous ai vu sur la photo d'Éric prise à l'université ! Vous étiez son meilleur professeur.

Le compliment ne parut pas rendre M. Zuzubin plus heureux.

— « Son meilleur professeur », marmonna-t-il. Oui, j'aimerais qu'on se souvienne de moi ainsi... Peu importe, se reprit-il. Va me chercher Éric. Je l'attendrai dans son bureau. Dépêche-toi, Georges.

Georges dut jouer des coudes, voire se battre, pour atteindre Éric. Débordé, celui-ci répondait aux questions de ses admirateurs regroupés autour de lui comme autant d'amas stellaires.

— Arrêtez de pousser ! râlèrent les fans, tandis que Georges fonçait dans le tas.

Il remarqua qu'Éric avait débranché Cosmos et l'avait coincé sous son bras.

Enfin, il parvint assez près pour lui murmurer à l'oreille :

— Éric... Le professeur Zuzubin est là. Il veut vous parler. Il dit que c'est très important.

— Zuzubin est ici ? s'étonna le scientifique. Il a assisté à la conférence ? Tu en es sûr ? Mon Zuzubin ?

— En chair et en os, confirma Georges, bousculé par les impatients. Il vous attend dans votre bureau. C'est urgent, d'après lui.

— Je dois y aller ! s'écria Éric en tapant fort dans ses mains.

La salle se tut instantanément.

— Merci à tous d'être venus. Si vous voulez bien revenir le mois prochain, nous discuterons des bébés trous noirs et de la fin de l'Univers. Bonsoir, mesdames, messieurs et les enfants.

Éric quitta la salle sous un nouveau tonnerre d'applaudissements. Georges le suivait, les sourcils froncés. Quelque chose le tracassait : était-ce les lunettes jaunes de Zuzubin ou l'étrange manière dont il avait prononcé le prénom d'Éric ? Il ne parvenait pas à mettre le doigt dessus. En tout cas, il était bien décidé à trouver le fin mot de cette histoire.

— Qu'est ce que cela signifie ? hurla le professeur Zuzubin.

Il plaqua une photographie sur le bureau d'Éric avec une telle force que les tasses de thé à moitié bues, le courrier, les dossiers et les piles de livres tremblèrent.

— Professeur Zuzubin…, marmonna Éric, rouge comme une pivoine et se tordant les doigts. Je… Je…

Georges n'en croyait pas ses yeux: le père d'Annie grondé comme un élève turbulent !

L'air sombre, le professeur Zuzubin se contentait d'observer son ancien protégé.

— Éric Bellis, je sais que ce cliché a un rapport avec toi. Aurais-tu la gentillesse de me fournir une explication ?

Georges en profita pour jeter un coup d'œil à l'image. On y voyait des cratères gris et, au beau milieu, deux silhouettes floues en combinaison spatiale.

— Aïe…, grommela Éric.

— Aïe ! répéta Zuzubin.

— Tout est ma faute ! s'exclama Éric sans chercher à nier. Georges n'y est pour rien.

— Georges ? rugit le professeur, hors de lui. Des enfants t'accompagnent dans l'espace ? Et ensuite ? Tu comptes emmener toute une classe sur la Lune en voyage scolaire ? À quoi est-ce que tu pensais ?

Georges prit son courage à deux mains.

— Éric n'était pas au courant, intervint-il. Je l'ai suivi sur la Lune parce que je voulais lui poser une question. Il ne m'a pas invité là-bas. J'y suis allé tout seul.

Au fur et à mesure que les mots sortaient de sa bouche, le collégien se rendait compte que son explication ne faisait qu'empirer les choses.

— Si je comprends bien, tu as laissé le portail spatial ouvert et sans surveillance pendant un voyage cosmique ! en conclut Zuzubin. Et c'est ainsi qu'un

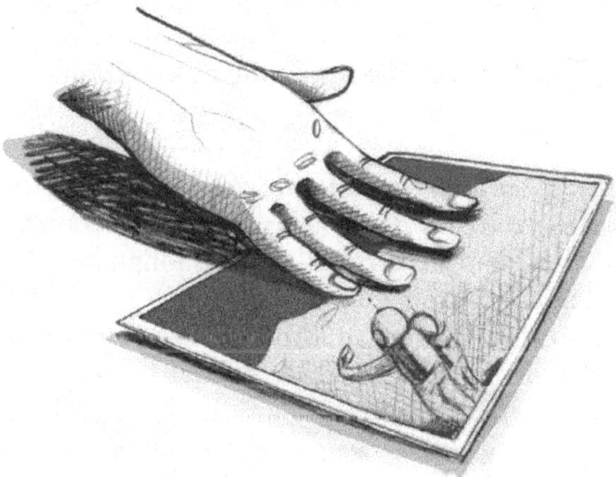

enfant a pu emprunter ce portail afin de te rejoindre dans l'espace. Tu te rends compte à quel point cela est sérieux ?

— Je suis vraiment désolé, s'excusa Éric, rouge de honte. J'ignorais qu'un satellite survolerait cet endroit.

— Tu t'es montré d'une grande imprudence. Cette photo m'a été envoyée par le professeur Ling de la branche chinoise de l'Ordre de la quête scientifique. Il aimerait savoir comment un satellite chinois a réussi à immortaliser deux astronautes sur la Lune alors qu'aucune mission spatiale habitée ne s'y est rendue depuis 1972.

— Ce n'est pas si grave, tenta Georges. Comme on ne voit pas le portail, l'existence de Cosmos demeure secrète. On dira que la photo a été truquée.

— Truquée ? s'époumona Zuzubin. Vous vous êtes servis d'un superordinateur pour effectuer un petit aller-retour sur la Lune et les Chinois vous ont surpris ! À qui veux-tu faire croire que la photo a été truquée ?

Éric but une gorgée de thé froid pour se donner des forces.

— Ne parlez pas sur ce ton à Georges. J'avoue : nous sommes allés sur la Lune avec l'aide de Cosmos. Je voulais recueillir des échantillons afin d'étayer une théorie sur laquelle je travaille depuis longtemps. C'est tout ! Fin de l'histoire !

— Non ! Ce n'est pas la fin de l'histoire, gronda Zuzubin, le teint brun rougeâtre. Pour l'instant, cette photo est restée hautement confidentielle – le professeur Ling y a veillé. Mais si elle devenait publique, nous serions dans les ennuis jusqu'au cou. Tu es le gardien du superordinateur le plus intelligent au monde et voilà que tu... tu...

Il bouillonnait de colère. Georges eut peur que sa tête n'explose tel un volcan en éruption.

— Cet incident survient au pire moment possible pour l'Ordre de la quête scientifique pour le bien de l'humanité, poursuivit-il sur un ton un peu plus calme.

Un groupe spécial et très distingué de scientifiques avait créé l'Ordre de la quête scientifique pour le bien de l'humanité afin de s'assurer que la science ne servait pas à faire le mal. Éric – et par conséquent Georges et Annie – comptait parmi ses membres.

— Tu n'as pas manqué de voir la manifestation dehors, avant ta conférence, fulmina Zuzubin. Sache que les Bar-à-la-gravité-environnante deviennent de plus en plus influents.

Georges remarqua qu'il prenait grand soin de ne pas appeler le groupe de manifestants par leur acronyme, les Barges. Il trouva cette précaution assez étrange. Après tout, ce nom leur allait extrêmement bien ! Pourquoi le mystérieux cosmologiste ne l'utilisait-il pas ?

— Ils s'enhardissent, poursuivit Zuzubin. Ils n'étaient jamais apparus en public avant aujourd'hui. Comme, dans le monde entier, les gens se détournent chaque jour un peu plus de la science, ils croient davantage en leur mission. Dans ce contexte, si le grand public apprend au gré de tes stupidités que nous lui dissimulons l'ordinateur le plus puissant au monde, il se demandera ce que nous cachons d'autre... Peut-être le Grand Collisionneur est-il vraiment dangereux ? Peut-être les scientifiques basés à Genève ne devraient-ils pas poursuivre le projet ? C'en serait terminé de nos vies consacrées à la science. Celle-ci pourrait même disparaître !

Georges eut l'impression qu'Éric allait fondre en larmes. Il ne l'avait jamais vu aussi bouleversé.

— Que dois-je faire ? demanda-t-il en se tortillant les mains. Comment réparer mon erreur ?

— Nous avons convoqué tous les membres de l'Ordre en urgence, annonça Zuzubin, qui sortit sa montre à gousset en argent de sa poche. Tu dois partir sur-le-champ et emporter Cosmos avec toi. Ils passeront en revue toutes les activités de Cosmos pendant qu'il était sous ta garde et vérifieront si ton utilisation du superordinateur était justifiée.

Georges et Éric avalèrent bruyamment leur salive. Si l'Ordre parcourait l'historique de Cosmos et découvrait qu'il avait récemment servi à transporter un cochon, les deux amis étaient dans de sales draps.

— Tu auras l'occasion de t'expliquer, compléta Zuzubin.

— Cela risque d'être embarrassant…, murmura Éric.

— Ensuite, ils décideront si tu restes le gardien et le tuteur de Cosmos. Tu n'as pas à t'inquiéter pour ton transport.

Éric blêmit.

— Ils veulent m'enlever Cosmos ?

— Ils n'ont pas le droit ! s'écria Georges.

— Nous verrons, conclut Zuzubin. Éric, il est temps de partir. Quelqu'un passera te prendre chez toi.

— Où vais-je ?

— Où a lieu la grande expérience.

— Je vous accompagne, décréta Georges. Je suis membre de l'Ordre. Je dois être présent.

— Certainement pas, aboya Zuzubin. Tu restes ici. Cette affaire ne regarde en rien les enfants.

— Il a raison, chuchota Éric. Cela ne te concerne pas, Georges.

— Mais où allez-vous ? Où se passe cette réunion ?

— Au Grand Collisionneur de hadrons. Je me rends au commencement du temps.

Sur ce, ils sortirent tous les trois du bureau d'Éric et rejoignirent l'entrée. Éric et Georges descendirent jusqu'à la rue. Quand il se retourna, le collégien constata que Zuzubin ne les suivait pas. Au contraire, il dévalait l'escalier près de l'entrée. Bizarre... Où le vieux professeur pouvait-il bien aller... ?

— Éric ? Qu'y a-t-il en dessous du département de Mathématiques ?

— En dessous ? répéta Éric, qui détachait son vélo du râtelier. J'étais étudiant la dernière fois que je m'y suis rendu.

— Décrivez-moi, insista Georges.

— Pas mal de bazar. Des dizaines de vieux ordinateurs, je dirais. Je n'en sais rien... Désolé, Georges. D'autres choses plus importantes me préoccupent en ce moment. Va chercher ton vélo, on rentre ensemble.

# Chapitre 9

De retour chez elle, Annie poussait des cris de joie tellement elle était fière du succès de son père et de sa conférence.

— Vincent t'a trouvé génial ! Ton discours était trop bon.

Malheureusement, cette atmosphère enjouée ne dura pas longtemps. Un seul regard au visage d'Éric suffit à Suzanne pour deviner qu'un événement inattendu s'était produit après la conférence. Elle conduisit Éric dans son bureau et en ferma la porte. Cela ne fit pas grande différence car, à travers les murs peu épais, les deux enfants entendirent une grande partie de leur conversation.

— Pardon ? s'exclama Suzanne dès qu'Éric lui eut appris la nouvelle à voix basse. Tu ne comptes tout de même pas partir en Suisse ce soir ? Le trimestre commence à peine ! Et tes étudiants ? Et nous ? Tu avais promis de m'aider à préparer notre fête d'anniversaire ! Des mois que nous l'avions prévue ! Ne me laisse pas tomber, Éric. C'est pénible, à force…

— Mais qu'est-ce qu'il se passe ? chuchota Annie à l'oreille de Georges pendant qu'ils gagnaient la cuisine à pas de loup.

— Un satellite nous a pris en photo sur la Lune. La branche chinoise de l'Ordre a envoyé le cliché à un ancien professeur de ton père. Et maintenant, il a de gros ennuis. Il doit se rendre à une réunion au Grand Collisionneur de hadrons le plus tôt possible. Il devra convaincre ses pairs qu'il est capable de garder Cosmos. Sinon, ils le lui enlèveront.

Annie devint soudain verte.

— On risque de perdre Cosmos ?

— Suzanne, je suis vraiment désolé, s'excusa Éric dans la pièce d'à côté.

— Tu m'avais promis, répéta-t-elle. Tu ne devais plus mettre la pagaille dans nos vies.

Malgré eux, Annie et Georges ne pouvaient s'empêcher de tendre l'oreille. Chaque parole leur parvenait avec une horrifiante clarté.

— Si je n'y vais pas, je perdrai Cosmos à tout jamais.

— Cosmos ! cracha Suzanne. J'en ai plus qu'assez de cet ordinateur ! Il ne nous a créé que des ennuis !

— Ce n'est pas vrai, protesta faiblement Éric.

Annie sortit en courant de la cuisine et se précipita dans le bureau.

— Ça suffit ! cria-t-elle. Je ne supporte plus de vous entendre vous disputer !

Georges n'osait pas bouger de la cuisine. Pour la première fois depuis qu'il connaissait la famille Bellis, il aurait donné n'importe quoi pour retourner chez lui auprès de ses parents. Même si ses petites sœurs

faisaient beaucoup de bruit et si sa mère concoctait des plats étranges, il mourait d'envie de filer à l'anglaise.

— Annie, ne t'en mêle pas. C'est entre ton père et moi.

— Ils vont vraiment t'enlever Cosmos, papa ? demanda Annie.

— Pardon ? s'exclama Éric qui s'était réfugié dans un monde rien qu'à lui.

— Tu ne m'écoutais même pas, soupira Suzanne, l'air soudain abattu. Je te parle, et toi, tu ne penses qu'à la science.

— Je… je…, bafouilla Éric, incapable de mentir.

— Finalement, ce serait peut-être mieux s'ils t'enlevaient Cosmos, s'emporta Suzanne. Oui, je prie pour qu'ils te suppriment cette saleté de machine et qu'on reprenne une vie normale.

Après cette querelle, l'ambiance se glaça. Éric monta

d'un pas lourd à l'étage pour préparer sa valise; derrière lui, Annie le bombardait de suggestions afin de convaincre l'Ordre de lui laisser Cosmos.

— Annie! Je vais très bien m'en sortir tout seul! tempêta Éric, ce qui n'était pas dans ses habitudes. Je te remercie, mais ce ne sont pas tes affaires.

Tandis que Georges restait pétrifié sur place, son amie dévala l'escalier, entra en trombe dans le bureau d'Éric et en claqua la porte. Ses sanglots résonnèrent dans toute la maison.

Suzanne frappa doucement à la porte.

— Annie...

— Va-t'en! Je te déteste! Je vous déteste tous!

Le visage pâle, les traits tirés, Suzanne se retrancha dans la cuisine.

— Je suis vraiment désolée, Georges.

— Il n'y a pas de mal, mentit-il.

Le collégien n'avait jamais entendu des adultes se disputer aussi violemment. Cela le rendait malade.

— Tu devrais rentrer, lui proposa Suzanne gentiment.

Éric apparut dans l'encadrement de la porte.

— Tiens, prends ceci...

Il tendit à Georges la cage contenant Pooky, le hamster.

— Oh! Et ça aussi. En souvenir... Au cas où ils confisqueraient tout mon matériel spatial en mon absence. Je me suis dit que tu aimerais le garder.

Le sac à dos semblait contenir une grande couette blanc cassé. Mais Georges reconnut tout de suite ce que son ami lui confiait: sa combinaison spatiale.

— Vous en êtes sûr? demanda Georges, après avoir jeté le sac sur son épaule et pris la cage à deux mains.

Pooky, le hamster, n'était pas un animal domestique ordinaire. En vérité, il s'agissait du seul nano-superordinateur au monde. Conçu par le professeur Tiburce Rex, un ancien collègue d'Éric, Pooky était quasiment aussi puissant que le grand Cosmos.

Du moins, en théorie. Le seul problème était qu'Éric ignorait comment le faire fonctionner. Le nano-ordinateur se présentait sous la forme d'un petit animal à fourrure très ressemblant. Seul hic : il était dépourvu de panneau de commande et ne réagissait à aucune instruction. Sans son créateur, Pooky ne servait absolument à rien. Éric avait même essayé de le relier à Cosmos… sans le moindre résultat. Depuis cette multitude d'échecs, Pooky vivait sagement dans sa cage

spacieuse, où il se nettoyait les moustaches, dormait et courait dans sa roue... Un programme bien peu contraignant pour le deuxième ordinateur le plus intelligent sur Terre. Éric devait attendre que son créateur revienne de ses vacances prolongées dans un institut de physique éloigné pour voir Pooky à l'œuvre. D'ici là, il fallait le garder à l'abri et ne révéler à personne sa vraie fonction.

Excepté Rex, seuls Georges, Éric et Annie connaissaient l'origine de Pooky. Par conséquent, s'aperçut soudain le collégien, l'Ordre de la quête scientifique pour le bien de l'humanité ignorait l'existence d'un deuxième superordinateur !

— Au revoir, Georges. Bonne chance.

— Et Annie ?

Les sanglots s'étaient à présent arrêtés.

— Je lui dirai de t'envoyer un texto, promit Suzanne. Quand nous nous serons sortis de nos problèmes.

Georges regagna sa maison en passant par le trou de la clôture. Dans l'obscurité, les fenêtres éclairées lui parurent drôlement accueillantes. L'installation solaire que son écologiste de père avait bricolée ne fournissait pas beaucoup de courant et la batterie qu'elle alimentait était souvent à plat le soir.

Georges ouvrit la porte de derrière qui donnait sur la cuisine. Rosemarie préparait une purée de légumes pour les jumelles. L'odeur de sa maison chamboula Georges. Sa mère se tourna et lui sourit.

— Te voilà ! La conférence s'est bien passée ?

Sur le seuil de la porte, son garçon portait une grande cage à hamster et un sac à dos. Il n'osait pas avancer. Une boule dans la gorge, il acquiesça.

— Tant mieux ! commenta Rosemarie. Je sais que ce n'est pas évident pour toi ici avec les filles…

Les jumelles somnolaient dans deux paniers en jonc de chaque côté du poêle, leurs longs cils bruns effleurant leurs joues aussi parfaites que des pétales.

— Cela va s'arranger, continua-t-elle en prenant son fils dans ses bras. Attends qu'elles aient grandi. Elles feront moins de bruit, crois-moi.

L'une d'elles – Georges ne parvenait pas encore à les distinguer – rit dans son sommeil. Ce joli tintement lui fit penser à une pluie d'étoiles dans le ciel.

— Bientôt, elles t'étonneront et tu ne pourras plus imaginer ta vie sans elles.

Daniel, le père de Georges, les observait depuis le couloir. Le garçon réalisa que ses parents ne lui avaient jamais reproché de passer autant d'heures dans la maison d'à côté et, soudain, il les aima davantage, ému de leur générosité.

— Content que tu sois rentré, remarqua Daniel sur un ton bourru. Tu nous as manqué. Je peux t'aider ?

Il prit la cage du hamster et examina le deuxième ordinateur le plus puissant au monde qui, comme les bébés, dormait à poings fermés.

— Quel est…

— Je vous présente Pooky, l'interrompit Georges. Il peut rester dans ma chambre ?

Ses parents lui sourirent.

— Bien entendu, répondit Rosemarie. Quelle adorable petite bête ! Ça nous changera de ce vieux Fred.

— Je le monte, annonça Daniel.

Georges le suivit. Une fois au lit, il ne tarda pas à s'endormir. Il avait laissé les rideaux entrouverts au cas où il se réveillerait au milieu de la nuit et apercevrait une étoile filante.

## Chapitre 10

Dans la rue sombre et paisible en contrebas, une longue voiture noir métallisé se gara devant la maison des Bellis. Le chauffeur sortit et sonna à la porte. Blanc comme un linge, Éric attendait dans le couloir, sa petite valise à la main, Cosmos dans une sacoche pour portable. Quand il se retourna sur le seuil pour faire ses adieux, Suzanne et Annie le serrèrent dans leurs bras.

— Je dois y aller…

Ses yeux brûlaient telles deux étoiles mourantes.

— Bonne chance, lui souhaita Suzanne. Je t'en prie, sois prudent. Il y a des gens qui te veulent du mal et ne t'aiment pas.

— Sois tranquille. Je vais me débrouiller, répondit Éric sur un ton qui se voulait enjoué.

Dans un moment, il serait parti. Suzanne et Annie ne pouvaient plus lui en vouloir.

— Dès mon retour, dans quelques jours, nous en rirons ensemble ! Ce n'est qu'un stupide malentendu. Une fois que je me serai expliqué, tout rentrera dans l'ordre. Vous ne remarquerez même pas que j'étais parti. Qui sait ? Je serai peut-être revenu à temps pour la petite fête.

— Au revoir, papa, chuchota Annie, dont la lèvre inférieure tremblotait.

— Professeur ! s'impatienta le chauffeur. Veuillez monter en voiture, monsieur. Nous avons un horaire à respecter.

Dès qu'Éric eut grimpé dans la voiture luisante, le chauffeur ferma avec soin la porte derrière lui. Comme les vitres étaient teintées, Annie et Suzanne ne virent pas la larme qui coula sur sa joue quand il s'assit, seul avec son ordinateur, sur la banquette en cuir.

La voiture s'éloigna, le moteur ronronnant. Ils se rendirent sans échanger un mot vers un terrain d'aviation tout proche. Sur la piste privée, seuls quelques avions décollaient et se posaient chaque jour. Quelques paroles entre le chauffeur et le gardien au portail, et la voiture poursuivit sa route.

Un jet attendait sous le clair de lune étincelant. Comme le petit escalier était déjà en place, Éric n'eut pas l'occasion de s'attarder entre la voiture et

l'avion. Il monta à bord et découvrit qu'il était l'unique passager.

Au bout de quelques minutes seulement, la voix du pilote résonna dans les haut-parleurs.

— Bonsoir, professeur Bellis. C'est un grand honneur de vous avoir à notre bord aujourd'hui. Nous nous poserons sur un terrain d'aviation situé non loin du Grand Collisionneur de hadrons dans environ une heure et demie. Puis-je vous demander d'attacher votre ceinture pendant la durée du voyage ?

Sur ce, le petit avion accéléra sur la piste et leva lentement le nez vers la nuit étoilée – et peut-être la fin de la carrière du scientifique.

Georges avait plongé dans un sommeil profond à l'instant où sa tête avait touché l'oreiller. Cependant, après une poignée de secondes, crut-il, il se réveilla en sursaut et s'assit dans son lit. De la sueur lui dégoulinait dans le dos. Dans ses rêves confus, des personnages vêtus de noir pourchassaient Fred à travers une prairie orange, sur une planète lointaine au soleil vert. « Arrêtez ce cochon criminel ! » hurlaient-ils.

Georges voulait leur crier de laisser son ami tranquille, mais il ne sortait de sa bouche que des coassements terrifiés.

Les yeux écarquillés, Georges fut frappé par une horrible pensée : si Éric revenait sans Cosmos, jamais il ne saurait où l'ordinateur avait expédié Fred ! S'ils perdaient l'un, ils perdaient l'autre par la même occasion. Et si l'ordinateur l'avait envoyé au fin fond de l'Univers ? Dans ce cas, Fred et Georges s'éloignaient tous les jours un peu plus l'un de l'autre. Ils ne se reverraient peut-être jamais, et ce serait la faute de Georges, car il n'avait pas pris soin de son ami comme il l'aurait dû.

## L'EXPANSION DE L'UNIVERS

L'astronome Edwin Hubble se servit d'un télescope de 2,50 mètres sur le mont Wilson, en Californie, pour étudier le ciel. Il découvrit que certaines nébuleuses – des points flous et lumineux dans le ciel la nuit – étaient en fait des galaxies, comme notre Voie lactée (même si les galaxies sont de tailles variables), chacune contenant des milliards et des milliards d'étoiles. Il découvrit aussi un fait remarquable : d'autres galaxies s'éloignent de nous, et plus elles sont loin, plus rapide est leur vitesse apparente. Soudain, l'Univers de l'homme devenait beaucoup plus vaste.

L'Univers s'étend : les distances entre les galaxies croissent avec le temps. On peut comparer l'Univers à la surface d'un ballon sur lequel on aurait peint des taches pour représenter les galaxies. Si on perce le ballon, les taches ou les galaxies s'éloignent les unes des autres. Plus elles sont distantes, plus vite s'accroît la distance entre elles.

### LE DÉCALAGE VERS LE ROUGE

***Dans l'espace, des objets très chauds, comme des étoiles, produisent de la lumière visible. Cependant, comme l'Univers ne cesse de s'étendre, ces étoiles lointaines et leur galaxie d'attache s'éloignent de la Terre, ce qui étire leur lumière tandis qu'elle voyage vers nous à travers l'espace. Plus elle voyage, plus elle est étirée. C'est pourquoi la lumière visible apparaît plus rouge. Ce phénomène s'appelle le « décalage vers le rouge cosmologique ».***

Allongé dans son lit, Georges n'avait jamais été aussi malheureux de sa vie. Il se lamentait sur son sort et sur celui de Fred. Soudain, aux alentours de minuit, il se dit qu'un petit muffin et un verre de lait le consoleraient peut-être. Il se glissa hors de sa chambre sur la pointe des pieds. Il prit soin de ne pas réveiller les bébés, ce qui irriterait forcément ses parents.

Au beau milieu de l'escalier, il entendit un bruit dans la maison. Bizarre : tout le monde était couché à cette heure-ci. Georges se figea et tendit l'oreille.

Au moment où il se disait qu'il avait sûrement rêvé, le bruit se reproduisit… Des pas aussi furtifs et prudents que les siens. Dehors, la Lune ronde brillait avec une telle intensité qu'on se serait cru en plein jour. La lumière argentée se déversait en abondance par les fenêtres du rez-de-chaussée. Depuis la marche où il était paralysé par la peur, Georges vit une grande ombre passer au pied de l'escalier et se rendre dans la cuisine. La porte de derrière s'ouvrit et se referma. Les bruits de pas se turent aussitôt.

Aussi discrètement que possible, Georges retourna à l'étage pour regarder le jardin par la fenêtre. À la lumière de sa vieille amie la Lune, il put observer la silhouette tandis qu'elle se rendait au fond du jardin, semblait flotter au-dessus de la clôture et disparaissait.

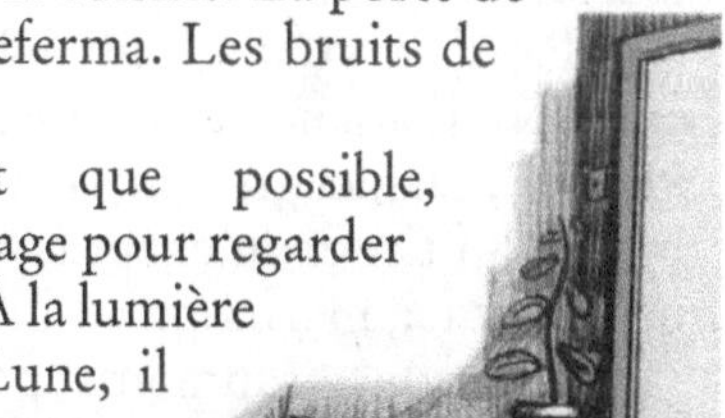

Son pouls battait si fort dans ses oreilles que Georges en eut des vertiges. Il se précipita dans la chambre de ses parents et secoua son père.

— Grummmppff, grogna Daniel en lui tournant le dos.

— Papa ! Papa ! Réveille-toi.

— Stop à la bombe ! Sauvons les baleines ! Recycler, c'est gagner !

Georges le secoua plus fort.

— Sauvons la bombe ! Recyclons les baleines ! Stopper, c'est gagner ! continua Daniel dans son sommeil, pendant qu'à ses côtés Rosemarie dormait à poings fermés, la tête sous l'oreiller.

Quand Daniel émergea enfin, il s'exclama :

— Georges ! Les bébés ? C'est encore l'heure du biberon ?

— Papa, j'ai vu une ombre. Il y avait quelqu'un dans la maison. Il a sauté la clôture au fond du jardin.

Épuisé, Daniel grommela avant de se lever.

— Je lui tire mon chapeau s'il a réussi à voler quoi que ce soit ici, marmonna-t-il.

Il descendit néanmoins pour vérifier. Quand il remonta, son visage était à la fois sérieux et fatigué.

— La porte de derrière était ouverte. Je l'ai fermée à clef. Tu as dû voir un chat, Georges. Retourne au lit avant que les jumelles…

À cet instant, des pleurs s'élevèrent d'un des deux berceaux.

— Oh non ! gémit Daniel. Elle va réveiller...
Deuxième hurlement de sirène.
— ... sa sœur. Va te coucher, Georges. À demain.

Le lendemain, au collège, Georges souffrait d'une terrible migraine. Il s'avachit sur son bureau, incapable de garder les yeux ouverts. Son père avait décidé de ne pas prévenir la police. De toute façon, on ne leur avait rien volé et Daniel était persuadé qu'un animal, probablement un chat, avait fureté dans la cuisine à la recherche de nourriture.

Georges n'était pas d'accord : les pas qu'il avait entendus étaient trop lourds pour être ceux d'un chat, à moins que ce fût un léopard. Bien que convaincu de ce qu'il avait vu, il avait décidé de ne pas contredire son père. Il bâilla bruyamment, éreinté par les derniers événements.

— On t'empêche de dormir ? remarqua gentiment son nouveau professeur d'histoire.

— Non, excusez-moi, monsieur.

— Tu veux bien sortir ton livre et te rendre à la page trente-quatre ?

Georges fouilla dans son cartable et trouva l'ouvrage. Il l'ouvrit à la page qu'il devait lire la veille au soir, mais, après l'éblouissante conférence d'Éric, il l'avait complètement zappée.

Une autre personne,

par contre, avait feuilleté son livre avant lui. Un papier plié en deux était coincé exactement à la bonne page. Son prénom était écrit en lettres démodées et familières. Le cœur battant à toute allure, Georges déplia le mot et lut :

Georges,

Le mal rôde dans l'Univers. Notre ami Éric est en danger. Nous devons parler. N'essaie surtout pas de me contacter. Je te joindrai en temps et en heure.

Courtoisement,

Pr R.

Un frisson remonta le long de l'échine du garçon. Son cartable se trouvait au rez-de-chaussée la veille au soir. Il l'avait posé sur la table du salon. Cela signifiait que l'ombre et les bruits de pas qu'il avait surpris appartenaient à nul autre que le professeur Tiburce Rex, le vieil ennemi d'Éric.

« Pourquoi venir chez moi ? se demanda Georges, horrifié. Pourquoi n'a-t-il pas rendu visite à Éric ? »

Dès qu'il se posa la question, il sut la réponse. La nuit précédente, Éric était déjà parti pour Genève avec Cosmos. Quant à Pooky, le nano-superordinateur que l'étrange Rex s'attendait à trouver chez Éric, il dormait dans la chambre de Georges, où le professeur n'avait pas osé s'aventurer. En l'absence d'Éric, il avait décidé de se tourner vers Georges – signe que son message avait une grande importance. Il fallait absolument que Georges le rencontre et lui demande droit dans les yeux ce qu'il se tramait. Mais pouvait-il lui faire confiance ?

S'il en parlait à Annie, elle lui répondrait sans hésiter : « Pas question ! » Rex leur avait causé assez de problèmes cosmiques comme cela. Mais tout de même, la dernière fois, il leur avait sauvé la vie alors que les deux amis étaient coincés sur une lune lointaine sans moyen de rentrer sur Terre. Dès leur retour, Rex avait juré de tirer un trait sur son noir passé et d'être à nouveau ami avec Éric. Il voulait redevenir un scientifique respecté et ne plus se terrer dans l'ombre.

À en juger par le mot trouvé par Georges dans son manuel, Rex possédait des informations susceptibles d'aider Éric. Des dizaines de questions s'accumulaient dans l'esprit de Georges, la première étant : comment allait-il mettre la main sur Rex ?

— Si j'étais un ex-savant fou, où vivrais-je ?

Alors qu'il croyait réfléchir en silence, Georges ne s'était pas rendu compte qu'il avait posé sa question à voix haute.

— J'ignore où dénicher un ex-savant fou, répliqua son professeur, mais si j'étais Georges Greenby, j'en serais à la page trente-quatre en ce moment et je serais sur le point de répondre à la question écrite au tableau par mon enseignant.

Le reste de la classe ricana.

— Désolé, monsieur.

La demi-heure suivante, Georges tenta de se concentrer sur l'an 1066 au lieu de réfléchir aux personnes malintentionnées qui voulaient s'en prendre à Éric et à l'Univers.

Il avait beaucoup de difficultés à s'intéresser au passé, car une pensée ne cessait de le harceler. On aurait dit que Cosmos lui criait en grosses majuscules rouges : ÉRIC EST EN DANGER.

## Chapitre 11

Après les cours, Georges fit le tour de Foxbridge à vélo avant de rentrer chez lui. Il y avait très peu de chances qu'il tombe sur Rex dans la rue, mais avait-il le choix ? Puis il se souvint de la carte de Foxbridge affichée par Cosmos. Le sous-sol ! S'il parvenait à trouver l'endroit où avait eu lieu la réunion secrète, il découvrirait peut-être des informations sur les Barges ! Au fond de lui, il savait que le message de Rex avait un rapport avec ces cinglés en noir.

Rex avait-il participé à la manifestation ?

Rex était-il cette personne vêtue de noir qui avait abordé Vincent ?

Georges pédala aussi vite que ses jambes le pouvaient. Il connaissait Foxbridge sur le bout des doigts et la carte de Cosmos lui avait montré l'emplacement exact de la cave secrète.

Quand il arriva devant le bâtiment, Georges reconnut bien sûr l'université d'Éric et Rex, étudiants à l'époque du grand Zuzubin.

« Zuzubin », songea Georges. Pourquoi semblait-il être partout et nulle part en même temps ?

Les grandes portes étaient fermées et verrouillées, contrairement à la petite percée dans le bois qu'empruntaient les étudiants. Georges bondit dans l'enceinte et se trouva nez à nez avec un portier à l'air méchant – le gardien de l'université.

— J'apporte quelque chose au professeur Bellis, mentit-il, incapable de trouver une autre excuse.

— Pose-le sur mon bureau, gronda le portier, qui venait de redresser les brins d'herbe de la pelouse.

Il avait épousseté les pétales des soucis dans les parterres, balayé les pavés, poli les heurtoirs en bronze ; ce n'était donc pas un sale gamin qui allait flanquer le désordre dans la cour impeccable.

— L'université est fermée.

Tandis que le portier le fusillait du regard par-dessus sa moustache en guidon de vélo, Georges n'eut pas d'autre choix que de rentrer chez lui.

Après son goûter, il se rendit chez Annie, mais elle s'était absentée et il ne put parler qu'à Suzanne, qui paraissait éreintée, exceptionnellement. En temps normal, seule Rosemarie semblait tout juste sortir

du lit. Cette fois-ci, Mme Bellis avait les cheveux en bataille, les habits froissés et le regard inquiet.

— Tu cherches Annie ? Elle est partie au karaté avec Vincent. Apparemment, il est ceinture noire.

« Évidemment, on n'en attendait pas moins de lui. »

— Je t'inviterais bien à l'intérieur, mais je prépare la grande fête de dimanche et j'aimerais que tout soit prêt, tu comprends ? Au fait, regarde ! La vitre est cassée. J'ignore pourquoi. J'ai ramassé du verre partout.

Georges sentit sa gorge se nouer.

— Ce ne serait pas arrivé hier soir, par hasard ?

Il ne voulait pas lui dire qu'on leur avait rendu visite au milieu de la nuit ; elle était assez perturbée comme cela.

— On dirait..., répliqua-t-elle, au bord des larmes. Nous n'avons rien entendu et aucun objet n'a été dérobé. C'est très étrange, tu ne trouves pas ?

— Éric revient bientôt ? lui demanda-t-il pour lui remonter le moral.

— Il ne m'a pas dit grand-chose. D'après lui, la réunion a lieu demain soir. J'espère qu'ils régleront leur problème dans la foulée et qu'il sera de retour le lendemain matin. Tout va bien se passer, Georges. Bon, il faut que j'y aille. Je récupère Annie à la salle de sport et nous irons dormir chez ma sœur ce soir. À bientôt.

Elle referma la porte, qu'elle verrouilla à double tour. Georges soupira. Comme il n'avait plus rien à faire là, il retourna chez lui.

Dans la cuisine, Daniel écoutait les informations à la radio.

— *L'Univers peut-il être englouti par une bulle de destruction qui aurait fui du Grand Collisionneur de hadrons ?* demandait le présentateur sur un ton enjoué. *C'est la grande question qui brûle toutes les lèvres ce soir.*

— Georges ! s'exclama Daniel. Tu es au courant ?

— Chut, papa ! J'aimerais écouter…

— *Un rapport dramatique présenté aujourd'hui par un groupe antiscience nommé les Braves Apôtres qui résistent à la gravité environnante prétend que la nouvelle expérience menée au Grand Collisionneur de hadrons pourrait être extrêmement dangereuse. Dans une lettre ouverte à l'Univers, les scientifiques de la Gravité environnante estiment que l'expérience est imprudente et risquée, car elle pourrait produire une petite quantité de ce qu'ils appellent le « vrai vide ».*

*« Selon leurs sources, notre existence dans l'Univers dépend du faux vide, qui risque d'être détruit à la suite des expériences à haute énergie prévues dans peu de temps. En huit heures, estiment-ils, la bulle de destruction aura déchiqueté notre Système solaire. Le professeur Éric Bellis, leader du groupe expérimental, était introuvable ce soir et n'a donc pu faire aucun commentaire. Cependant, il y a quelques minutes, un communiqué de ses collègues nous est parvenu. Je vous le lis : "Le collisionneur est parfaitement sûr et personne ne devrait avoir peur des avancées de la science."*

*« Et maintenant, la suite des actualités…*

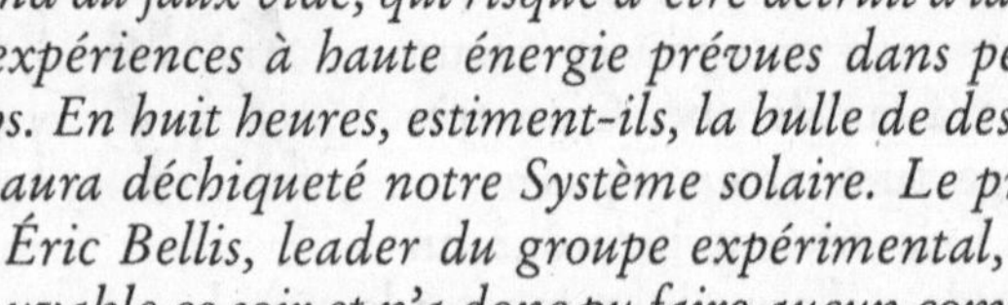

**Qu'est-ce que le vide ? Et quel est son rapport avec un aspirateur ?**

Le vide est un espace dans lequel il n'y a quasiment pas d'air. Par exemple, si nous aspirions tout l'air d'une pièce, nous créerions un vide.

Un aspirateur utilise une pompe à air pour créer une espèce de vide qui permet d'avaler toutes les particules de poussière quand on nettoie la maison. Par contre, on ne peut pas se servir d'un aspirateur banal pour créer le vide dont nous parlons ici. Il faut une pompe bien plus puissante pour notre expérience.

> Le vide dans les tubes à faisceaux du Grand Collisionneur de hadrons est aussi dépourvu de molécules de gaz que certaines régions de l'espace extra-atmosphérique.

Enlever toutes les particules d'air d'une pièce n'est pas une tâche facile. Une pièce complètement débarrassée d'atomes contient encore des radiations :

- les photons infrarouges émis par les murs chauds ;
- les photons radio des émetteurs de télévision ;
- les photons micro-ondes issus du Big Bang ;
- d'autres particules qui traversent l'espace à toute vitesse (les neutrinos fabriqués par le Soleil).

La pièce contient aussi de la matière noire !

Et si nous ôtions les radiations en refroidissant la pièce ? Elle serait aussi vide que l'espace entre les galaxies ! Mais elle contiendrait encore ce qu'on appelle des « champs quantiques ». Ils se situent derrière les photons, les neutrinos, les électrons et les autres particules. Les physiciens nomment l'état quantique d'énergie faible des champs quantiques le « vide quantique », et c'est ce vide – sans la moindre particule observable – qui emplit à présent notre pièce imaginaire.

Si nous l'examinions de plus près, nous verrions de minuscules ondulations dans l'espace-temps et la gravité appelées « ondes gravitationnelles ».

Alors que nous pensions avoir fait le vide dans cette pièce quand nous avons aspiré les molécules d'air, vu de plus près, ce vide fourmille d'activité !

Ajoutez de l'énergie dans un vide quantique (les physiciens parlent d'« excitation ») et des particules ainsi que des antiparticules apparaissent. On pense que le vide est un état d'énergie faible. Il existe peut-être d'autres vides quantiques dotés d'une énergie aussi faible. Une fois excités, ils créeraient des particules familières. Dans le jeune Univers, quand les températures étaient beaucoup plus élevées, l'espace a peut-être existé quelque temps dans un faux vide quantique avec une énergie plus grande, dont les particules sembleraient exotiques de nos jours. Quand la température a chuté, le faux vide aurait dégénéré en notre actuel état quantique d'énergie faible. Un vrai vide possède le minimum d'énergie possible.

Il n'existe aucune raison de penser qu'une expérience sur Terre puisse nous envoyer dans un vide différent !

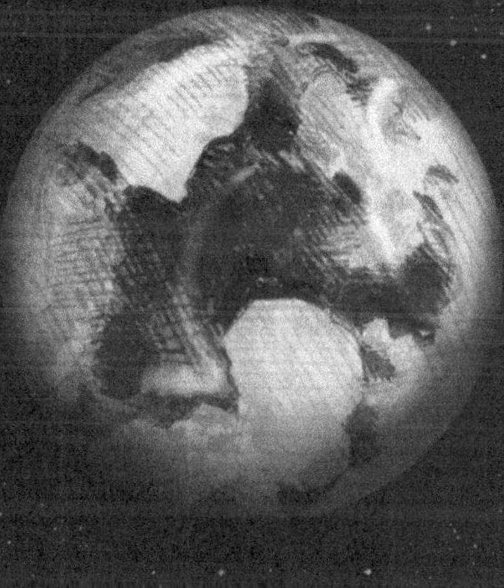

Daniel éteignit la radio.

— C'est vrai ? demanda-t-il sur un ton maussade. Les expériences d'Éric nous font-elles courir des risques ?

— Absolument pas ! s'écria Georges. Éric veut aider les hommes, pas les détruire !

— Alors dis-moi pourquoi on raconte de telles choses sur lui à la radio ?

— Je n'en sais rien. Quelqu'un veut l'empêcher de faire des découvertes, alors ils ont inventé cette théorie bidon sur le vrai vide. Je dois trouver pourquoi. Il faut absolument que j'aide Éric.

— Il faut absolument que tu fasses tes devoirs, rectifia son père. Pour l'instant, je veux que tu t'éloignes de la famille Bellis. Je n'ai pas envie que tu sois mêlé à tout cela. Compris, Georges ? S'il existe une explication raisonnable, nous attendrons qu'Éric nous la donne en personne. Jusque-là, interdiction d'aller à côté. Promis ?

— Promis, jura Georges.

Bien qu'il détestât tromper la confiance paternelle, il avait les doigts croisés dans le dos.

Le lendemain matin, un samedi, Georges était allongé sur sa couette, tout habillé, et il se demandait à quoi il consacrerait sa journée quand le téléphone sonna. Depuis qu'il allait au collège, ses parents l'avaient enfin autorisé à avoir un portable.

— Annie !

Il n'avait jamais été aussi content d'entendre sa voix. Alors qu'il lui avait envoyé des textos et l'avait appelée des centaines de fois, elle n'avait pas répondu.

— Tu as entendu ce qu'ils ont dit sur mon père aux informations ? s'enquit-elle.

— Euh... oui, bredouilla Georges.

Ce devait être horrible d'avoir un père célèbre.

— Il t'a téléphoné ?

— Non, gémit Annie. Je n'ai reçu ni texto ni e-mail, rien. Par contre, sur Internet, les gens le traitent de fou dangereux et veulent l'empêcher de faire d'autres expériences. Ils ont peur qu'il ne détruise tout l'Univers. Je sais juste par maman qu'il a cet important rendez-vous avec l'Ordre ce soir à 19 h 30, et elle espère qu'il reviendra dans la nuit.

— J'ai reçu un mot étrange, lui confia Georges. De Rex.

— Du professeur Tiburce Rex ? cria Annie. Que dit-il ?

— D'après lui, ton père serait en danger et le mal rôderait dans l'Univers.

— Et alors ? Nous le savons déjà ! Il ne pourrait pas nous indiquer quelque chose d'utile, pour une fois ! Tu lui as parlé ?

— Je n'ai pas eu de contact direct avec lui, juste un mot, à la Rex, écrit sur un parchemin en lettres vieillottes. Comme s'il avait plongé une plume dans du sang ou autre chose.

— Je reconnais bien là ce cher T-Rex !

— Au fait, j'ai essayé d'activer Pooky, lui annonça Georges.

— Résultat ?

— Néant.

Au fond de sa cage, le superordinateur reniflait sa paille. Aucune lueur de génie ne passait dans ses petits yeux bleus. Aujourd'hui, il ne courait pas comme un fou dans sa roue pendant des heures et des heures.

— J'ai même contacté Emmett hier soir ; il a essayé

de se connecter à Pooky depuis son ordinateur mais il n'a rien obtenu non plus.

Emmett était l'ami d'Annie et Georges aux États-Unis. C'était un véritable génie de l'informatique.

— Crotte de bique ! s'exclama Annie. De hamster, je veux dire. Si même Emmett sèche, on n'a aucune chance d'y arriver.

— Attends, Emmett a dit un truc intéressant sur Pooky. Tu sais, toutes les heures qu'il passe à tourner dans sa roue ? Elles lui serviraient à refroidir son unité centrale pendant qu'il calcule des trucs. Comme s'il soufflait de l'air frais sur son cerveau en période d'activité intense.

— Donc Pooky est actif, mais on ne peut pas le mettre au travail ? soupira Annie. Comme c'est frustrant ! Pourquoi ce hamster refuse-t-il de nous aider ?

Georges n'eut pas l'occasion de lui répondre, car, au même moment, un bruit aigu à en percer les tympans résonna dans la cage.

— Les jumelles sont drôlement en colère ! commenta Annie à l'autre bout du fil.

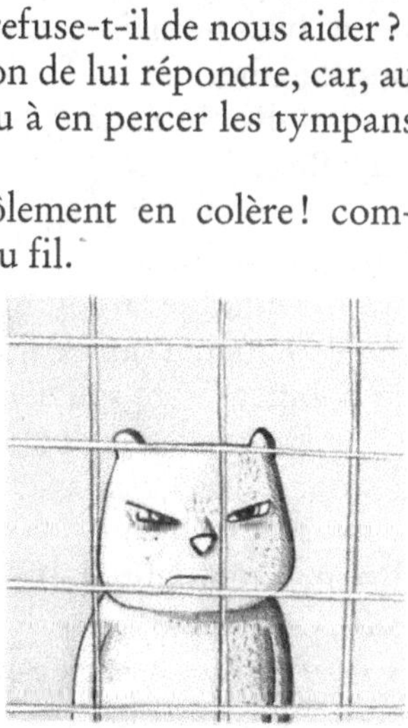

— Ce n'était pas les bébés, répliqua Georges. Je crois que Pooky a quelque chose à nous dire.

Celui-ci se dressait sur ses pattes arrière, le nez pointé vers le plafond. Il griffait l'air avec frénésie, quand, tout à coup, il poussa un cri terrifiant, bien trop puissant pour un si petit animal. Puis il tourna la tête et fixa Georges avec ses petits yeux bleu ciel. Soudain, ils prirent une vilaine couleur jaune fluo.

— Que se passe-t-il, Georges ?

— Pooky fait une sorte de crise…

Tout à coup, le hamster ouvrit la bouche :

— Georges !

La voix ressemblait à un bruit de clou rouillé sur un tableau noir.

— Georges !

— Qui a parlé ? hurla Annie dans le combiné.

— Pooky, chuchota Georges qui avait la chair de poule. Pooky a prononcé mon nom.

Pour autant qu'il le sache, la bestiole n'avait jamais dit un seul mot. Contrairement à Cosmos, ce super-ordinateur était silencieux. Jusque-là.

Pire, la voix n'était ni animale ni numérique, mais bel et bien humaine, et tous deux en connaissaient le propriétaire.

— T-Rex ! s'écria Annie. Pooky a la voix du professeur Rex !

— Georges ! répéta l'animal plus distinctement. Il faut que tu m'aides.

— Annie ! Je fais quoi ? cria le collégien, paniqué.

— Demande-lui ce qu'il veut, mais ne te laisse pas embobiner. Tu te souviens de son dernier coup bas !

— De quelle manière ? s'enquit Georges, déconcerté de devoir converser avec un hamster électronique.

— Nous devons absolument nous rencontrer et discuter, répondit Pooky, les yeux brillants. Dans l'espace, ce sera plus sûr.

— Professeur Rex, c'est vous ?

— Non, c'est le Père Noël !

— La dernière fois que nous nous sommes rencontrés, osa protester Georges, vous avez voulu nous abandonner sans oxygène sur une lune située à 41 années-lumière de la Terre. Et, avant, vous aviez essayé de jeter Éric dans un trou noir.

— J'ai changé. Je veux vous aider.

— Pourquoi vous croirais-je ?

— Tu n'es pas obligé, mais si tu refuses d'écouter ce que j'ai à te dire, Éric ne reviendra jamais chez lui…

« Fred non plus », pensa Georges, qui imagina son cochon seul, oublié de tous, dans un lieu inconnu.

— Et si vous me racontiez toute l'histoire, maintenant ? proposa Georges en prenant le petit hamster dans ses mains. Quel danger court Éric ?

— Un très grave danger. Toi seul parviendras à le sauver, Georges. Rencontrons-nous. Pooky te conduira jusqu'à moi. Je n'ai pas beaucoup de temps. C'est maintenant ou jamais. Au revoir, Georges. On se revoit dans l'espace.

— Rex ! cria Georges au hamster. Rex ! revenez !

Mais les yeux du hamster reprirent leur couleur bleue. La connexion était coupée.

— Qu'est-ce qu'il a dit ? rugit Annie au téléphone.

À cet instant, le hamster tressaillit et une petite boulette sortit de son arrière-train velu.

— Il a dit…, commença Georges, qui tremblait comme une feuille, que je devais le rejoindre dans l'espace.

— Mais où ? Où es-tu supposé le rencontrer ?

— Aucune idée. J'ignore où me rendre et surtout comment !

— Examine Pooky ! lui ordonna Annie.

Georges souleva l'animal et appuya sur chaque partie

de son petit corps au cas où un interrupteur secret leur aurait échappé. Mais le hamster se contenta de le fixer avec le même air impassible qu'avant.

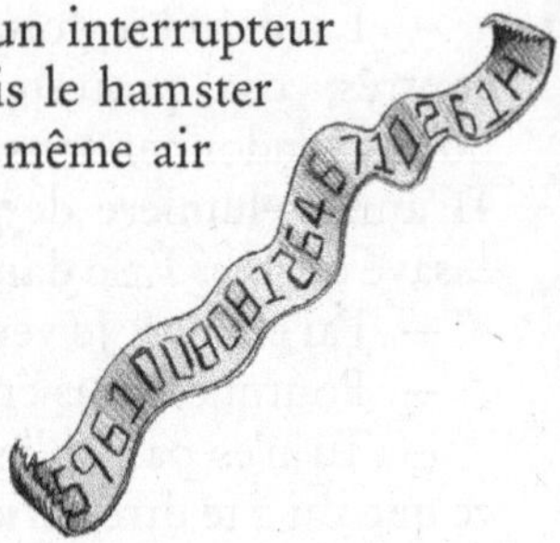

— J'arrive ! décréta Annie.

— Surtout pas ! On n'a pas le temps !

Puis il ramassa la boulette que Pooky avait rejetée sur le sol de sa cage. Il s'agissait d'une boule de papier froissée. Georges la déplia avec soin. Il eut bientôt en main un long ruban fin comportant une série de chiffres, suivie d'un H majuscule.

— Je crois que j'ai trouvé un message… Une destination, peut-être.

Il songeait à la lettre que T-Rex avait envoyée autrefois à Éric. Elle contenait prétendument les coordonnées d'une planète lointaine idyllique où les hommes pourraient s'installer dans un futur plus ou moins lointain. En guise de planète, c'était en fait un trou noir supermassif dans lequel le scientifique fou de jalousie avait expédié Éric.

— Tu crois que je dois retrouver Rex là-bas ?

— Je pense. Mais comment comptes-tu t'y rendre ? Et comment être sûr que tu ne risques rien ? Peut-être te tend-il un piège ?

— Il faut que je raccroche, lui annonça Georges, le téléphone coincé entre son épaule et son oreille.

Il bondit de son lit et ouvrit en grand son armoire où était rangée la combinaison spatiale d'Éric.

De son côté, Pooky remuait à nouveau ; ses yeux bleus se décoloraient doucement – signe d'activité imminente, en déduisit Georges.

— Ne bouge surtout pas ! exigea Annie. Un coup de vélo et je suis chez toi dans trente secondes.

— Désolé. Je n'ai pas trente secondes.

Pooky s'était redressé et ses yeux à présent rouge vif projetaient deux petits rais de lumière au milieu de la chambre. Les rayons se mirent à tournoyer avant de former un cercle étincelant qui faisait penser à sa roue de hamster.

— Georges ! Ne raccroche pas ! Ne va pas dans l'espace tout seul !

Mais le collégien enfilait déjà sa combinaison.

— Je n'ai pas le choix, cria-t-il avant de mettre son casque. Si je ne pars pas maintenant, nous ne saurons jamais ce que Rex a à nous dire. À plus tard, Annie !

Il posa son portable sur son lit. Devant lui, le cercle de lumière avait grandi. Au-delà, un tunnel argenté conduisait vers une destination inconnue.

Pour finir, Georges ajusta son casque et prit une profonde inspiration. Rex s'adressa soudain à lui *via* le transmetteur.

— Georges ! Entre dans le tunnel de lumière.

— Où êtes-vous ?

Malgré ses efforts, le garçon sentait bien que le courage lui manquait. En fait, il n'avait jamais eu aussi peur de sa vie. Il avait l'impression que son sang se glaçait dans ses veines, que son cœur allait imploser.

— Je suis à l'autre bout. Je t'attends. Suis le tunnel. Approche.

Chaque fois qu'il avait franchi le portail créé par Cosmos, Georges avait vu clairement son point de chute. Qu'allait-il trouver au bout de cette galerie qui s'incurvait devant lui ?

Un univers parallèle ? Un autre espace-temps ? Les

sinuosités du tunnel suivaient-elles la courbure de l'espace-temps jusqu'à une mystérieuse destination loin du champ gravitationnel de la Terre ?

— Georges ! hurla Annie dans le téléphone.

Grâce au microphone externe de son casque, il pouvait encore percevoir les bruits autour de lui.

— J'ai entendu Rex. N'y va pas !

Il hésitait encore quand il distingua une autre voix dans l'appareil. Vincent...

— Georges, mon pote, ne pars pas seul. Ce n'est pas prudent. Annie m'a parlé du portail et du professeur Rex. C'est de la folie.

« Quoi ? » s'étrangla Georges. Qu'est-ce que Vincent fabriquait chez la tante d'Annie ? Ce type avait écouté toute leur conversation ? Il était au courant pour le portail, Cosmos et le professeur Rex ? Il connaissait tous les secrets qu'Annie et

lui avaient loyalement juré de ne jamais révéler à personne ? Et voilà que monsieur Vincent, champion de karaté et de skateboard, le nouveau « meilleur ami pour la vie » d'Annie, lui donnait des ordres !

Alors, comme ça, Vincent pensait que lui, Georges, n'était pas à la hauteur, pas assez courageux pour sauver Éric, son mentor et professeur ?

« Je vais te montrer, moi, se dit-il. Je sauverai Éric, quoi qu'il arrive ! »

— Au revoir, Terriens ! s'exclama Georges sur un ton hautain. Je pars dans l'espace et je ne sais pas quand je reviendrai.

Il avança vers la roue de lumière qui l'aspira aussitôt. Il se serait cru dans un toboggan du parc aquatique. Il fonça la tête la première dans le tunnel argenté, les bras tendus devant lui, ballotté de droite et de gauche.

Il n'eut pas le temps de réfléchir. Ébloui par la lumière, il voyageait à une vitesse incroyable. Son ancien ennemi mortel, le professeur Tiburce Rex, l'attendait quelque part dans la grande étendue cosmique qui compose notre Univers.

À des années-lumière de lui, il crut percevoir l'écho d'un hurlement :

— Noooooonnnnn ! criait Annie.

Trop tard. Georges était parti.

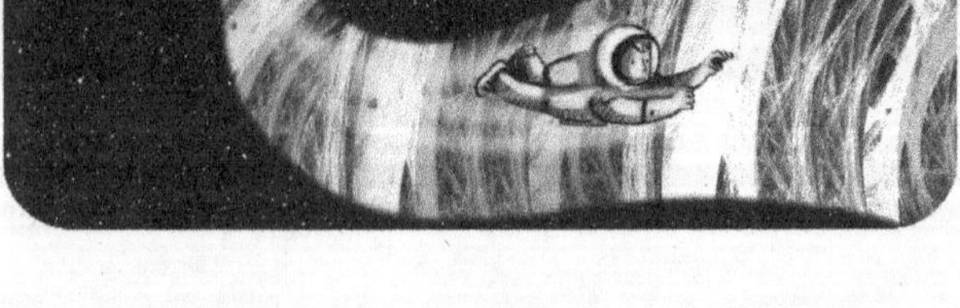

## *Espace-temps à quatre dimensions*

Quand nous désirons nous rendre quelque part sur Terre, nous pensons généralement en deux dimensions : quelle distance vers le nord ou le sud, quelle distance vers l'est ou l'ouest. C'est ainsi que les cartes géographiques fonctionnent. Nous nous servons tout le temps de directions bidimensionnelles. Un exemple : en voiture, on avance (ou on recule), on tourne à droite (ou à gauche). La raison en est simple : la surface de la Terre est un espace bidimensionnel.

Par contre, un pilote d'avion, lui, n'est pas coincé à la surface de la Terre ! Son appareil monte et descend ; tout comme il change de position à la surface de la Terre, il change d'altitude. Quand le pilote est aux commandes de son avion, le « nord », l'« est », le « haut »... dépendent de la position de son appareil. Le « haut » signifie loin du centre de la Terre. Un vol au-dessus de l'Australie sera donc très différent d'un vol au-dessus de la Grande-Bretagne !

La même chose est vraie pour le commandant d'une navette spatiale. Le commandant a le choix entre trois directions de repérage – pas moins, pas plus, parce que l'espace dans lequel nous, la Terre, notre soleil, les étoiles et les autres galaxies existons est tridimensionnel.

Par ailleurs, si nous devons nous rendre à un match ou à un spectacle, il ne suffit pas de savoir où il aura lieu. Nous devons aussi savoir quand. Tout événement dans l'histoire de l'Univers a donc besoin de quatre dimensions ou coordonnées, trois spatiales et une temporelle. Ainsi, afin de décrire pleinement l'Univers et ce qu'il s'y passe, nous déterminons un espace-temps à quatre dimensions.

### *Relativité*

Selon la théorie de la relativité restreinte d'Einstein, les lois de la nature, et la vitesse de la lumière en particulier, sont les mêmes quelle que soit l'allure à laquelle on se déplace. Deux personnes qui effectuent le même mouvement ne seront pas d'accord sur la distance entre deux événements : par exemple, deux événements qui ont lieu au même endroit dans un avion à réaction sembleront à un observateur au sol séparés par la distance parcourue par l'avion entre les deux événements. Si ces deux personnes essaient de mesurer la vitesse d'une impulsion lumineuse voyageant de la queue de l'avion à son nez, elles ne seront pas d'accord sur la distance parcourue par la lumière entre son émission et sa réception. Comme la vitesse équivaut à la distance parcourue divisée par le temps de parcours, elles ne seront pas non plus d'accord sur l'intervalle de temps entre l'émission et la réception – si elles sont d'accord sur la vitesse de la lumière, comme la théorie d'Einstein le dit !

Cela montre que le temps ne peut pas être absolu, comme le croyait Newton : on ne peut pas attribuer à chaque événement un temps qui conviendrait à tout le monde. Chaque personne aura sa propre mesure du temps ; les temps mesurés par deux personnes qui se déplacent ensemble ne concorderont pas.

Cela a été testé à l'aide d'une horloge atomique très précise qui a volé autour du monde. À son retour, elle avait mesuré un peu moins de temps qu'une horloge similaire demeurée au même endroit sur Terre. Ainsi, on peut allonger sa vie en volant sans arrêt autour du monde ! Toutefois, cet effet est infime (environ 0,000002 seconde par circuit), et il sera annulé par tous les plateaux-repas pris en vol !

# Chapitre 12

Georges déboucha à l'autre bout du tunnel tête la première et atterrit sur une étendue rocheuse. Les lumières vives et tourbillonnantes du tunnel lui avaient brouillé la vue. Pendant une seconde, il vit des étoiles. Quand il leva la tête, il en contempla des milliers d'autres dans le ciel noir de jais.

Soudain, il aperçut autre chose : la pointe d'une grosse botte noire et sa jumelle. Georges roula sur le dos. Une silhouette vêtue d'une combinaison spatiale noire le toisait, le visage masqué par le verre teinté d'un casque de cosmonaute. Cela ne faisait aucune différence. Georges n'avait pas besoin de distinguer ses traits pour reconnaître le professeur Rex, scientifique contrarié et fou, une nouvelle fois en liberté dans l'Univers.

Sa silhouette sombre se confondait presque avec l'immensité du ciel noir derrière lui. Le sol de roche grise et nue était creusé de grands cratères. Georges batailla pour se relever, les muscles réduits en bouillie par la traversée.

— Tu peux te mettre debout, lui commanda Rex sur un ton sec. Tu ne flotteras pas, vu que j'ai choisi cet astéroïde exprès pour sa masse.

Quand Georges s'était posé sur une comète, lors de son premier voyage spatial avec Annie, ils avaient dû s'attacher à la boule de roche et de glace en forme de pomme de terre parce que sa force gravitationnelle n'était pas assez grande pour les maintenir à sa surface. Tandis que la comète se composait principalement de poussière, de glace et de gaz froid, cet astéroïde plus imposant était constitué d'un matériau plus dense : ici, la gravité retenait Georges au sol.

— Où sommes-nous ?

— Regarde autour de toi. Tu ne reconnais rien ? Pas de jolie planète bleu-vert qui n'attend que toi pour la sauver ?

Georges ne voyait rien d'autre que des étoiles. Le

tunnel avait disparu. Plus moyen d'échapper à Rex et à cet étrange corps céleste.

— Bien sûr que non ! continua Rex. Tu serais incapable de reconnaître ta propre galaxie si je t'avais emmené sur la Voie lactée. Sache que tu n'es plus dans ta galaxie. Jamais tu n'auras voyagé aussi loin de ta vie !

— Sommes-nous dans un autre univers ? demanda Georges. Ai-je emprunté un trou de ver ?

— Non, tu as emprunté ma version actualisée du portail. Une porte toute simple fait tellement vieux jeu, tu ne crois pas ? Éric a toujours été attaché aux traditions. Ça t'étonne, hein ? Ses théories pulvérisent tout ce que nous croyions savoir sur l'Univers, mais quand il s'agit de créer un portail, il prend modèle sur la porte d'entrée de sa maison ! J'ai l'honneur de te présenter Andromède.

— Une autre galaxie ? s'étrangla Georges.

— Notre voisine, confirma Rex. L'équivalent de la maison d'à côté. Étant donné la taille de l'Univers, je ne m'avance pas beaucoup. Que remarques-tu ?

— Les étoiles ressemblent aux nôtres… Cet astéroïde ressemble à un astéroïde. Je suppose que nous sommes en orbite autour d'une étoile. Nous devons donc être dans un autre système solaire. Ce n'est pas très différent de la Voie lactée.

## ANDROMÈDE

La galaxie d'Andromède (aussi nommée M31) est la grande galaxie la plus proche de notre Voie lactée ; ces deux galaxies sont les plus grandes de notre Groupe local de galaxies. Le Groupe local comprend au moins 40 galaxies proches fortement influencées par la gravité des autres.

Située à 2,5 millions d'années-lumière, Andromède n'est pas la galaxie la plus proche de nous (ce titre revient probablement à la galaxie naine du Grand Chien), mais elle a une taille et une masse comparables aux nôtres.

Les estimations actuelles suggèrent que la Voie lactée a davantage de masse (dont la matière noire) et qu'Andromède a plus d'étoiles.

Andromède est en forme de spirale, comme la Voie lactée.

Comme la Voie lactée, Andromède a un trou noir super-massif en son centre.

Comme la Voie lactée également, Andromède possède plusieurs (au moins 14) galaxies naines satellites en orbite autour d'elle.

## ANDROMÈDE

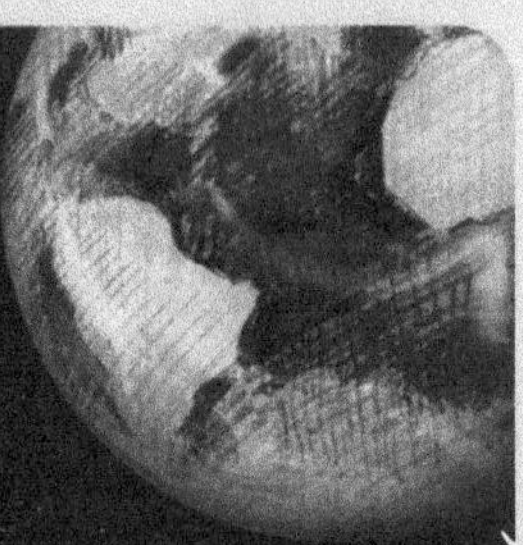

Contrairement à ce qui se passe dans la plupart des galaxies, la lumière reçue par Andromède subit un décalage vers le bleu. Cela est dû au fait que l'expansion de l'Univers, qui oblige les galaxies à s'éloigner les unes des autres, est annulée par la gravité entre deux galaxies. Andromède tombe vers la Voie lactée à environ 300 kilomètres par seconde. Les deux galaxies risquent d'entrer en collision dans environ 4,5 milliards d'années et fusionneront peut-être – à moins qu'elles ne se ratent. On pense que les collisions entre galaxies ne sont pas inhabituelles. La petite galaxie naine du Grand Chien semblerait fusionner avec la Voie lactée en ce moment même !

— Exact ! Remarquable, n'est-ce pas ? De près, deux roches, planètes, étoiles, galaxies ne se ressemblent pas. Certaines régions ne contiennent que des nuages de gaz et de la matière noire. Dans d'autres, on trouvera des étoiles, des astéroïdes et des planètes. Quelle variété ! Et pourtant, nous voilà à 2,5 millions d'années-lumière de la Terre et les choses n'ont pas l'air si différentes. Cet astéroïde pourrait voyager dans notre Voie lactée. Ici, les variations sont les mêmes que dans notre galaxie. À ton avis, qu'est-ce que cela signifie, Georges ? Réponds-moi et je te dirai pourquoi je t'ai donné rendez-vous là.

Georges se remémora la conférence d'Éric.

— Où qu'on soit, tout a été formé de la même manière, à partir de la même matière, selon les mêmes règles. Mais les minuscules fluctuations au début du temps ont provoqué d'infimes différences.

— Bien expliqué ! Je suis content de voir que l'un de mes anciens élèves a retenu quelque chose de mes cours.

— Pourquoi m'avoir conduit jusqu'ici ? s'enquit Georges, qui en avait assez de tourner autour du pot. Que se passe-t-il, cette fois-ci ?

— Je n'apprécie pas ce ton, jeune homme.

On aurait dit que Rex était revenu au temps où il enseignait.

— Et moi, je n'apprécie pas d'être catapulté dans l'espace par un hamster doué de parole, monsieur, répliqua Georges.

— D'accord, d'accord. J'admets que tu as pu être surpris. Mais je n'avais pas d'autre moyen de te contacter.

— Ah, vraiment ? Vous n'êtes pas entré en douce chez moi pour laisser un mot dans mon livre d'histoire ?

## UNIFORMITÉ DANS L'ESPACE

Afin d'appliquer la théorie de la relativité générale à l'Univers en tant que tout, nous faisons en général certaines suppositions :

Tous les lieux dans l'espace doivent se comporter de la même manière (homogénéité).

Toutes les directions dans l'espace doivent se ressembler (isotropie).

Cela conduit à une image de l'Univers, qui est

uniforme dans l'espace,

commence par un Big Bang,

puis s'étend de manière égale dans tous les sens.

Cette image est confortée par les observations astronomiques, c'est-à-dire ce que nous voyons dans l'espace grâce aux télescopes terrestres et spatiaux.

Pourtant, l'Univers ne peut pas être exactement uniforme dans l'espace, car cela signifierait que des structures comme les galaxies, les étoiles, les systèmes solaires, les planètes et les hommes n'existeraient pas. Il faut de minuscules ondulations sur cette uniformité pour expliquer comment les premiers paquets de gaz et de matière noire ont commencé à s'effondrer, afin que les lois de la physique puissent continuer à créer des étoiles et des planètes.

Comme le gaz et la matière noire ont débuté de manière quasiment uniforme, et comme nous croyons que les mêmes lois de la physique s'appliquent partout, nous nous attendons à ce que toutes les galaxies se forment de façon similaire. Ainsi, des galaxies lointaines devraient avoir des types d'étoiles, de planètes, d'astéroïdes et de comètes similaires à ceux que nous voyons dans notre Voie lactée.

On ne sait pas vraiment d'où viennent les minuscules ondulations initiales. La meilleure théorie actuelle suppose qu'elles proviennent de secousses quantiques microscopiques amplifiées par la phase d'expansion très rapide, l'inflation, qui a eu lieu pendant une très petite fraction de la première seconde après le Big Bang.

— Bon, bon, j'avoue...

Rex semblait étrangement nerveux, ce qui ne collait pas à l'image de scientifique malveillant et manipulateur que Georges gardait de lui.

— J'essayais d'attirer ton attention. Comme je ne trouvais pas Éric chez lui, j'ai décidé de te laisser un message.

— Si c'était tellement important, pourquoi n'êtes-vous pas venu me parler en plein jour, tout simplement ?

— Parce que je ne pouvais pas ! Je ne peux plus aller nulle part. Je suis coincé. Depuis que je suis passé chez toi l'autre soir, ils me surveillent encore plus. Ils ne savent pas que je t'ai rendu visite, mais ils se sont aperçus de mon absence et cela les a rendus soupçonneux à mon égard. Voilà pourquoi je devais te rencontrer dans l'espace. C'est le seul endroit sûr où nous pouvons parler. Il m'est impossible de vous contacter, Éric ou toi, par des moyens terrestres. J'aurais gâché notre unique chance de les arrêter.

— Mais de qui parlez-vous ? Qui vous surveille ?

— Eux ! Les Barges. Ils sont partout !

Il regarda autour de lui, comme s'il avait peur que le groupe ne surgisse en combinaison dans cette région inconnue de la galaxie d'Andromède.

— C'est eux, la force sombre et invisible. Ils nous encerclent.

— Vous faites allusion à la matière noire qui compose 23 % de l'Univers connu ?

— Tu as tout compris, Georges ! Ils sont la matière noire de l'humanité. On ne les voit pas, mais on sait qu'ils existent à cause des effets que l'on constate autour d'eux.

Pour une fois, Rex semblait ouvrir son cœur – s'il en possédait un...

— Les gens en noir venus perturber la conférence d'Éric, c'était eux ?

— Il n'y en avait que quelques-uns. Ils sont beaucoup plus nombreux, ils forment un vaste réseau. Je me trouvais parmi eux. Comme je n'ai pas pu t'approcher, j'ai essayé de te prévenir *via* ce garçon. Hélas, cela n'a pas marché.

— Je le savais ! s'exclama Georges. Je savais que c'était vous. Mais je ne comprenais pas pourquoi. Tout comme je ne saisis pas les motivations des Barges. Pourquoi serait-ce grave si Éric découvrait la théorie du Tout ? Pourquoi serait-ce dangereux de comprendre les origines de l'Univers ?

— Pour toi et moi, ce serait un grand pas en avant. Pour les Barges, ce serait un coup terrible.

— À cause du vrai vide ? Quel est le risque ?

— Oh, les meneurs ne pensent pas sincèrement que le monde disparaîtra dans une bulle croissante de destruction échappée du collisionneur. Ils se servent juste de cette perspective apocalyptique pour effrayer les gens et les inciter à rejoindre leur organisation afin que leur réseau grandisse. En vérité, ce dont ils ont peur est d'un tout autre ordre.

— Dites-moi.

L'astéroïde continuait sa course sur son orbite, autour d'une jeune étoile très brillante née quelques milliards d'années plus tôt que notre soleil. Sous les yeux ébahis de Georges, des rochers de 200 mètres de longueur se percutèrent avec la force d'une explosion nucléaire. Un nuage de poussière pulvérisée se propagea de tous côtés. Ce jeune système solaire était en définitive un endroit très violent où des milliers de débris se déplaçaient à toute allure autour d'une étoile centrale. Petit à petit, des planètes se formeraient et aspireraient les fragments dispersés par les collisions. Pour l'instant, il s'agissait d'un lieu chaotique et dangereux où Georges refusait de s'attarder. Toutefois, s'il s'en tenait aux affirmations de Rex, l'endroit était toujours plus accueillant que la Terre en ce moment.

— Les personnes qui sont à la tête des Barges sont convaincues que les expériences d'Éric donneront d'autres résultats. Dès que nous aurons la théorie du Tout, nos scientifiques pourront, selon elles, se servir de ces connaissances de plusieurs manières – par exemple, créer une nouvelle source d'énergie propre, peu onéreuse et renouvelable.

— Mais tout le monde veut cela !

— J'ai piraté leurs dossiers secrets, expliqua Rex. Je suis donc une des rares personnes à pouvoir identifier les membres des Barges. Les plus éminents appartiennent à de grandes compagnies. Du genre à préférer l'utilisation extensive du charbon, du pétrole, du gaz

et de l'énergie nucléaire, et à refuser d'investir dans la recherche d'énergies renouvelables. Ils ont peur que les expériences menées au collisionneur ne révèlent des manières de produire des énergies propres et bon marché, ce qui ne serait pas à leur avantage.

— Non ? Les Barges seraient les premiers à souiller les mers et à empoisonner l'atmosphère avec les gaz à effet de serre ?

Georges pensa aussitôt à ses parents écologistes. Des gens ordinaires, normaux et gentils, qui voulaient simplement que la vie future sur Terre soit différente. Malheureusement, ils ne pesaient pas grand-chose face à des opposants aussi puissants.

— Ce n'est pas tout, ajouta Rex. Un groupe au sein des Barges est persuadé que le jour où nous trouverons une théorie unifiée pour les quatre forces, il en résultera l'élimination de toute guerre. Selon eux, nous comprendrons que nous sommes tous identiques, que nous faisons tous partie de l'espèce humaine. Cette découverte pourrait nous ouvrir les yeux sur les problèmes de la Terre, mettre un terme à la compétition

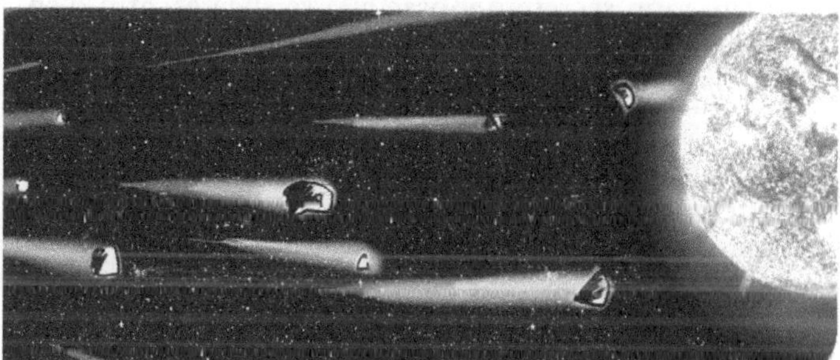

pour le contrôle des ressources, persuader les pays riches d'aider les pays pauvres.

— Ils ne souhaitent pas la paix ? s'exclama Georges, abasourdi.

— Bien sûr que non ! Ils amassent tellement d'argent chaque fois qu'ils vendent des armes pour que les peuples s'entretuent... Ils ne veulent surtout pas que les conflits cessent.

— Qui sont les autres membres ?

— Il y a quelques astrologues. Ils redoutent que leurs prédictions ne servent plus à rien une fois qu'Éric et son équipe de scientifiques auront tout expliqué. Ils devront alors cesser leur commerce lucratif sur Internet. Les Barges comptent aussi un télévangéliste qui craint de ne plus avoir personne à sauver si Éric réussit. Un autre groupe a peur de la science et de ses répercussions sur l'avenir. Si je te disais que des scientifiques sont sur la liste des adhérents ?

— Des scientifiques ? répéta Georges, choqué. Qu'est-ce qui les motive ?

— Eh bien... il y a moi, pour commencer. Je n'ai pas vraiment rejoint les Barges. Je les ai infiltrés pour mieux les espionner ! J'avais entendu parler de cette organisation secrète opposée à la science et, afin d'en apprendre davantage, je suis devenu l'un d'eux. Mon nom de code, c'est « Isaac », en référence à l'un des plus grands savants de tous les temps, Isaac Newton. J'ai dû mentir pour qu'ils m'acceptent et prétendre qu'Éric et moi étions toujours des ennemis jurés. Comme personne ne sait que nous avons récemment fait la paix, ils m'ont cru et adopté.

— Éric sait-il que vous faites partie des Barges ?

— Malheureusement non, admit Rex. J'aurais aimé

lui parler de leurs intentions, mais il aurait couru un danger encore plus grand si je l'avais contacté directement.

— Qui sont les autres scientifiques ?

— C'est là que cela se complique. Nous n'avons pas le droit de nous rencontrer. On nous confie des missions différentes, du coup nos chemins ne se croisent jamais.

— Quelle était la vôtre ?

— Ma mission consistait, expliqua-t-il avec une pointe de fierté dans la voix, à créer une bombe qu'il serait impossible de désamorcer. En effet, la plupart des bombes se désactivent dès que l'on coupe certains fils. Les Barges ont émis des conditions bien précises. Même si on débranche les fils ou qu'on tape le bon code, on ne peut pas empêcher l'explosion. Ils m'ont assuré que ce serait simplement un prototype, qu'ils ne s'en serviraient qu'à titre expérimental.

— Vous ne l'avez pas fabriquée ? s'empressa de lui demander Georges. Ne me dites pas que vous avez conçu une telle bombe et que vous l'avez remise à ce dangereux groupe clandestin ?

— Bien sûr que si ! répondit Rex, étonné. Comment pourrais-je concevoir quelque chose qui ne fonctionne pas ?

— Rien de plus facile ! répliqua Georges. Ainsi votre invention ne détruit rien et ne blesse personne. Le problème est résolu !

— Mais je suis un scientifique ! gémit Rex. Je suis incapable d'une telle chose ! Sinon, je ne suis plus un chercheur digne de ce nom ! Et ce serait...

— Vous feriez mieux de m'en dire plus sur cette bombe ! l'interrompit Georges, dont la patience était mise à rude épreuve.

— D'accord ! lui lança Rex avec enthousiasme. Elle est vraiment géniale ! Elle peut faire sauter n'importe quoi. Et ce n'est pas une plaisanterie !

— Ça, je m'en serais douté, marmonna Georges.

— Euh... Désolé ! Pour être bref, j'ai conçu une bombe à huit interrupteurs. On tape un code sur un clavier numérique afin de les activer. Ensuite, le fait d'appuyer sur les huit interrupteurs crée une superposition de huit états. À ce moment-là, le compte à rebours commence automatiquement.

— Ah ! Et en quoi est-elle super intelligente ?

— C'est une bombe à mécanique quantique, Georges !

« Et il ose se vanter ! » songea Georges.

— Elle a créé une superposition quantique des différentes alternatives à l'intérieur du détonateur. Par conséquent, si quelqu'un essaie de désamorcer la bombe, soit en coupant un fil, soit en appuyant sur un interrupteur, elle explosera purement et simplement. C'était le but : ils voulaient une bombe infaillible au cas où des traîtres auraient infiltré les Barges.

— Je ne comprends toujours pas son fonctionnement.

— La bombe a été armée de façon qu'aucun interrupteur ne l'arrête, à cause de la superposition quantique des huit différents interrupteurs possibles. Le détonateur ne « décide » pas lequel marche, jusqu'à ce qu'une personne en actionne un pour essayer de la désamorcer. Le circuit vérifie alors si cette option est correcte. À ce moment précis, la fonction d'onde s'effondre au hasard, selon une des huit possibilités. Tu peux appuyer sur les huit en même temps, la bombe explosera de toute manière. Il n'existe aucun moyen de l'arrêter.

— Pourquoi avez-vous fait ça ?

— Je voulais que l'on sache à quel point je suis intelligent, répondit Rex sur un ton boudeur. Je n'avais pas compris qu'ils voulaient réellement se servir de cet engin de malheur. Ils m'avaient juré que c'était une expérience et rien d'autre.

— Et où se trouve cette bombe à mécanique quantique impossible à désamorcer ?

— Je l'ignore. C'est bien cela le problème : elle a disparu !

— Vous avez bien une petite idée ?

— Ils l'ont emportée. Où est Éric en ce moment ?

— Au Grand Collisionneur de hadrons..., bafouilla Georges, qui prenait la mesure de l'horrible situation. Il avait rendez-vous avec l'Ordre de la quête scientifique pour le bien de l'humanité. Tous les membres titulaires seront présents. Ils ont tous été convoqués.

— C'est là-bas qu'ils veulent faire exploser la bombe ! cria Rex. Ils comptent détruire Éric, le collisionneur et les meilleurs physiciens de la planète !

— Mais... mais... comment savent-ils qu'une telle réunion va avoir lieu ?

— Comme je le soupçonne depuis longtemps, un des scientifiques de l'Ordre doit être également membre. Il ou elle a trahi les siens.

## COLLISIONS DES PARTICULES ET DIAGRAMMES

S'il n'y avait aucune force, les particules entrant en collision dans des machines telles que le LHC (ou Grand Collisionneur de hadrons) sortiraient comme elles étaient entrées. Les forces permettent aux particules fondamentales de s'influencer les unes les autres lors des collisions (voire de se changer en particules différentes !) en émettant et en absorbant des particules spéciales porteuses de force appelées « bosons de jauge ».

Les physiciens représentent les collisions à l'aide de « **diagrammes de Feynman** ». Ces schémas montrent comment les particules peuvent se disperser loin les unes des autres. Un diagramme de Feynman n'est qu'une partie de la description d'une collision. Il faut donc additionner les diagrammes pour obtenir une description complète d'une seule collision.

Voici le cas le plus simple, dans lequel deux électrons s'approchent, échangent un unique photon puis passent leur chemin. Le temps s'écoule de gauche à droite, la ligne ondulée représente le photon et les lignes droites montrent les électrons (« e »). Ce diagramme inclut tous les cas où le photon voyage de haut en bas ou de bas en haut (voilà pourquoi la ligne ondulée est dessinée à la verticale).

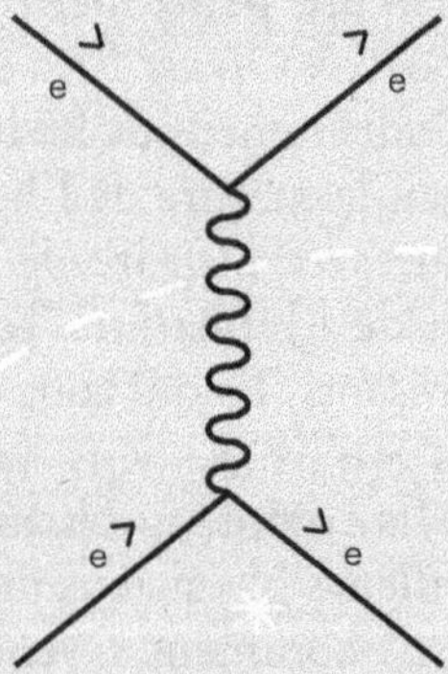

Des processus plus compliqués ont plus d'une particule virtuelle dans des diagrammes de Feynman plus compliqués. Par exemple, en voici un qui comprend deux photons virtuels et deux électrons virtuels :

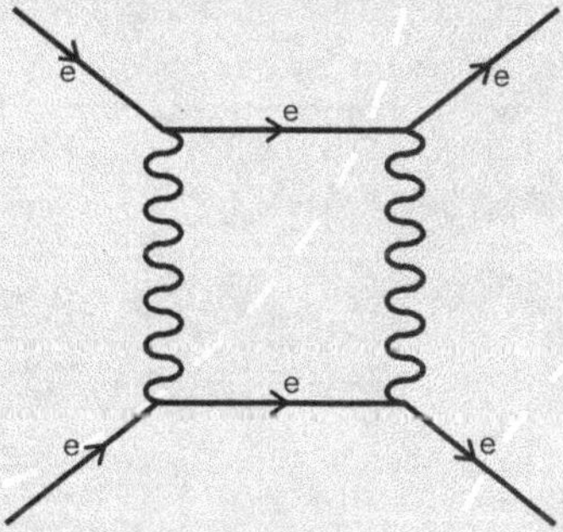


Il faut un nombre infini de diagrammes de Feynman pour décrire complètement chaque sorte de réaction des particules, même si, heureusement, les scientifiques obtiennent souvent de très bonnes approximations en utilisant les plus simples. Voici un diagramme représentant ce qui pourrait arriver dans le Grand Collisionneur de hadrons lors de la collision de protons ! Les lettres « u », « d » et « b » sont des quarks, tandis que le « g » montre des gluons.

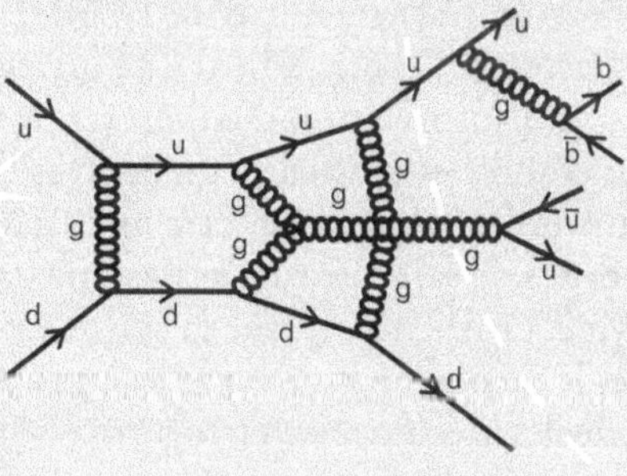

— Cette personne, ce ne serait pas vous, par exemple ? demanda Georges avec colère.

— Je ne suis plus membre de l'Ordre, lui rappela Rex avec tristesse. J'ai été radié il y a plusieurs années et je n'ai pas eu l'autorisation d'adhérer à nouveau. C'est quelqu'un d'autre et ce quelqu'un est très dangereux.

— Pourquoi vouloir aider Éric maintenant ?

— Georges, je sais que tu n'as pas une haute opinion de moi. Mais crois-moi, j'aime la science plus que tout au monde. Je ne peux pas rester là les bras croisés, après tous ces siècles de travaux, et regarder son extinction par la faute d'idiots qui agissent par cupidité, peur ou préjugés. J'ai intégré les Barges pour contrecarrer leurs plans. Voilà pourquoi je suis devant toi aujourd'hui.

Georges avait la tête qui lui tournait. Rex lui disait-il la vérité ? Dans ce cas, ce serait bien la première fois qu'il ne concocterait pas quelque tour de passe-passe mortel destiné à tuer Éric et faire match nul avec lui. Il examina T-Rex… Le collégien était tellement absorbé dans ses pensées qu'il ne s'était pas aperçu du changement : Rex semblait se décolorer, disparaître dans la noire galaxie d'Andromède qui les environnait.

— Georges ! Nous disposons de moins de temps que je ne le croyais.

— Que vous arrive-t-il ?

— Je ne suis pas réel.

Rex parlait à toute allure à présent. Georges ne distinguait plus ses contours, juste de petits triangles – le reflet des étoiles – sur son casque et ses bottes brillantes.

— Je suis un avatar de moi-même généré par ordinateur. C'était le seul moyen de te rencontrer. Comme je ne trouvais ni Pooky ni Éric, je suis entré par effraction chez toi et j'ai caché un rerouteur au rez-de-chaussée. Grâce à cet appareil, j'ai pu demander à Pooky de m'envoyer ici et d'ouvrir un portail à distance pour te transporter.

— Pourquoi votre avatar ne peut-il pas se rendre au collisionneur et prévenir Éric, hein ? Pourquoi moi ?

— Je suis coincé ! s'écria Rex dont la voix se déformait. Je ne pourrai pas leur échapper.

— Et la bombe à mécanique quantique ?

— Il existe une solution ! Je ne suis pas fou, tout de même ! Pooky t'a transmis un code…

— Quoi ? Comment vais-je me servir de ce code ? Je ne peux pas désamorcer la bombe tout seul !

Pour seule réponse, il reçut un faible chuchotement dans son transmetteur :

— Georges…

Sur ce, l'Univers autour de lui replongea dans son silence imposant. Droit devant, à la place de Rex, le tunnel argenté s'ouvrit à nouveau et l'entraîna dans sa rivière de lumière.

Il tourbillonna à une vitesse incroyable, parcourut des quintillions de kilomètres entre Andromède et notre galaxie, la Voie lactée, composée de matière et de matière noire, cette mystérieuse substance sombre qui nous entoure mais que nous ne voyons, ne sentons et n'entendons pas. Pendant son voyage, une pensée lui traversa l'esprit : « Je reviens du côté obscur ! »

## LES TOUTES DERNIÈRES THÉORIES...

### LE CÔTÉ OBSCUR DE L'UNIVERS

Une des questions les plus simples que nous puissions nous poser est la suivante : de quoi est fait le monde ?

Il y a très longtemps, le Grec Démocrite postula que tout était constitué de blocs insécables invisibles qu'il appela « atomes ». Et il avait raison. Durant les 2000 années qui suivirent, les savants n'eurent de cesse de préciser son postulat.

Tout ce qui compose notre quotidien est une combinaison de 92 types différents d'atomes, les éléments du tableau périodique : hydrogène, hélium, lithium, béryllium, bore, carbone, azote, oxygène, et ainsi de suite jusqu'au numéro 92, l'uranium. Les plantes, les animaux, les minéraux, l'air que nous respirons... tout sur Terre est constitué de ces 92 blocs de construction. Nous savons aussi que notre soleil, les autres planètes du Système solaire, les étoiles les plus éloignées sont composés des mêmes 92 éléments chimiques. Nous comprenons bien les atomes, et nous sommes passés maîtres dans l'art de les réorganiser en toutes sortes de choses différentes, y compris mes préférées : les frites ! La chimie est la science qui s'applique à construire diverses choses avec des atomes – une sorte de « Lego avec des atomes ».

Aujourd'hui, nous savons que l'espace contient bien plus que notre système solaire – un Univers d'une taille stupéfiante comprenant des milliards de galaxies, chacune constituée de milliards d'étoiles et de planètes. Alors, de quoi est fait l'Univers ? Surprise ! Tandis que notre système solaire, les autres étoiles et planètes sont constitués d'atomes, ce n'est pas le cas de la majeure partie de l'Univers ! Il est composé de substances très étranges, la matière noire et l'énergie noire, que nous ne comprenons pas aussi bien que les atomes.

D'abord, les chiffres : dans l'Univers pris dans son ensemble, les atomes comptent pour 4,5 %, la matière noire pour 22,5 % et l'énergie noire pour 73 %. Petite précision : environ 1 atome sur 10 est affecté à la composition des étoiles, des planètes ou des êtres vivants. Le reste existe sous une forme gazeuse trop chaude pour avoir pu créer des étoiles et des planètes.

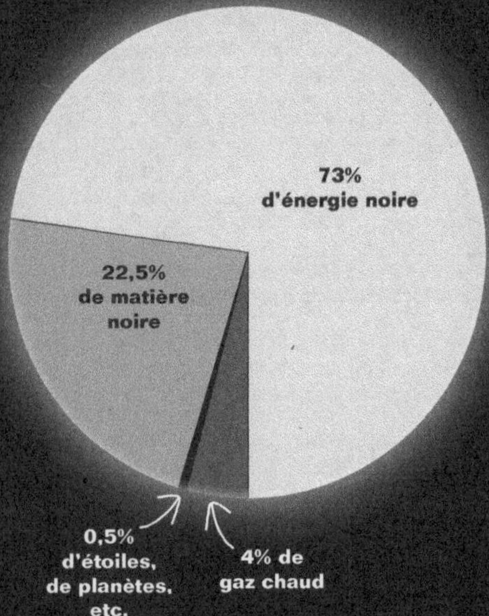

Commençons par la matière noire. Comment savons-nous qu'elle est là ? Qu'est-elle ? Et comment se fait-il que nous ne la trouvions pas sur Terre, ni même dans notre soleil ?

Nous savons qu'elle existe parce que la force de sa gravité maintient notre galaxie, la galaxie d'Andromède et toutes les grandes structures de l'Univers. La partie visible de la galaxie d'Andromède (et de toutes les autres) se trouve au milieu d'une énorme sphère de matière noire, dix fois plus grande, que les astronomes appellent le « halo galactique ». Sans la gravité de la matière noire, la plupart des étoiles, des systèmes solaires et de tout ce qui compose les galaxies s'évanouiraient dans l'espace, ce qui serait une très mauvaise chose.

Pour l'instant, nous ne savons pas exactement de quoi est faite la matière noire (comme Démocrite, qui avait une idée – les atomes – sans en connaître les détails). Mais voici déjà ce dont nous sommes sûrs.

Les particules de matière noire ne sont pas composées des mêmes éléments que les atomes (protons, neutrons et électrons). C'est une nouvelle forme de matière ! Ne soyez pas trop surpris : il a fallu près de 200 ans pour identifier les différentes sortes d'atomes, et, au fil du temps, de nombreuses formes nouvelles de matière atomique ont été découvertes.

Comme la matière noire n'a pas la même constitution que les atomes, elle se soucie peu d'eux (et *vice versa*). D'ailleurs, les particules de matière noire ne se soucient pas non plus des autres particules de matière noire. Un physicien dirait que les particules de matière noire interagissent très faiblement, voire pas du tout, aussi bien avec les atomes qu'entre elles. C'est ce qui explique qu'au moment de la formation de notre galaxie et des autres, la matière noire est restée dans le halo galactique très large et très diffus. Pendant ce temps, les atomes entraient en collision les uns avec les autres, plongeaient au centre du halo et formaient au final des étoiles et des planètes composées en quasi-totalité d'atomes.

C'est à cause de cette « timidité » des particules de matière noire que les étoiles, les planètes et nous sommes faits d'atomes et non de matière noire.

Toutefois, les particules de matière noire bourdonnent sans arrêt dans le voisinage. Il faut savoir qu'à tout moment il y a une particule de matière noire qui nage dans votre tasse de thé. Cela est la clef qui permet de tester une idée audacieuse. Bien que timides, les particules de matière noire laissent à l'occasion une signature éloquente dans un détecteur de particules très, très sensible. Les physiciens ont donc construit d'immenses détecteurs qu'ils ont placés dans des grottes souterraines pour les protéger des rayons cosmiques qui bombardent la surface de la Terre afin de vérifier si notre halo est vraiment constitué de particules de matière noire.

Bien plus fantastique encore, la création de nouvelles particules de matière noire dans un accélérateur de particules en transformant l'énergie en masse, selon la célèbre formule d'Einstein, $E = mc^2$.

Le Grand Collisionneur de hadrons de Genève, en Suisse, le plus grand accélérateur de particules jamais construit, essaie de créer et de détecter des particules de matière noire.

En parallèle, les satellites cherchent dans le ciel des morceaux d'atomes créés lors de collisions de particules de matière noire dans le halo, qui produisent de la matière ordinaire (l'inverse de ce que les accélérateurs de particules tentent de faire).

Si ces méthodes réussissent – et j'espère qu'au moins une réussira –, nous pourrons enfin confirmer que quelque chose d'autre que les atomes forme la part la plus importante de la matière dans l'Univers !

Et maintenant, parlons du plus grand mystère de toute la science : l'énergie noire. Il s'agit d'un puzzle gigantesque, mais je parie ma chemise que l'un d'entre vous le terminera. La résolution de ce mystère risque de faire tomber la théorie de la gravitation d'Einstein, la relativité générale ! Ce n'est pas rien !

Nous savons tous que l'Univers est en expansion. Sa taille n'a cessé de croître durant les derniers 13,7 milliards d'années-lumière, après le Big Bang. Depuis la découverte de l'expansion par Edwin Hubble il y a plus de quatre-vingts ans, les astronomes essaient d'en mesurer le ralentissement dû à la gravité. La gravité est la force qui nous maintient sur Terre, qui permet aux planètes d'orbiter autour du Soleil – une sorte de colle cosmique. Elle attire les objets les uns vers les autres, ralentit les balles et les fusées lancées depuis la Terre. Par conséquent, l'expansion de l'Univers devrait elle aussi ralentir.

En 1998, des astronomes ont découvert que cette idée simple et très logique était on ne peut plus fausse ! L'expansion de l'Univers ne ralentit pas, elle accélère ! (Ils se sont servis pour trouver cela de l'aspect « machine à voyager dans le temps » des télescopes : comme la lumière met du temps pour traverser l'Univers et parvenir jusqu'à nous, quand nous regardons des objets lointains, nous les voyons tels qu'ils étaient il y a très longtemps. À l'aide de télescopes ultrapuissants – dont le télescope spatial *Hubble* –, ils ont pu déterminer que l'expansion de l'Univers était plus lente autrefois.)

Comment est-ce possible ? Selon la théorie d'Einstein, il y a un truc, encore plus surprenant que la matière noire, qui a une gravité répulsive, c'est-à-dire une force gravitationnelle qui écarte les objets les uns des autres au lieu de les rapprocher. Autant dire que c'est très étrange ! On l'appelle l'« énergie noire » ; ce pourrait être quelque chose d'aussi simple que l'énergie du vide quantique, ou d'aussi bizarre que l'influence des dimensions spatio-temporelles supplémentaires ! Ou bien il n'y a pas du tout d'énergie noire et nous devons remplacer la théorie de la relativité générale d'Einstein par une meilleure.

L'énergie noire est une pièce majeure du puzzle parce qu'elle détient le sort de l'Univers entre ses mains. Actuellement, elle appuie sur la pédale d'accélérateur et l'Univers fonce, ce qui laisse supposer qu'il ne cessera jamais son expansion et que le ciel replongera dans l'obscurité dans environ 100 milliards d'années.

Comme nous ne comprenons pas l'énergie noire, nous ne pouvons pas exclure la possibilité qu'elle appuie un jour sur la pédale de frein, provoquant peut-être même un nouvel effondrement de l'Univers.

Ce sont autant de mystères que les futurs scientifiques – vous, pourquoi pas ? – devront explorer et comprendre.

*Michael*

# Chapitre 13

Dans la salle de contrôle principale du LHC, Éric regardait les écrans qui montraient ATLAS, cent mètres plus bas dans sa fosse, l'un des gigantesques détecteurs du Grand Collisionneur de hadrons. Le plus grand de son espèce jamais construit, ATLAS était un morceau d'ingénierie colossal face aux minuscules êtres humains qui l'avaient créé. Désormais, l'entrée dans le tunnel de 27 kilomètres de long et dans les cavités creusées par l'homme pour accueillir tous les détecteurs était interdite. En outre, toutes les portes étaient scellées. Aucun accès n'était autorisé dans cette partie du complexe souterrain pendant que le LHC fonctionnait.

Selon le programme officiel, le début de la grande expérience – qui n'aurait pas été complète sans la présence d'hommes politiques venus appuyer sur un bouton rouge – aurait lieu dans plusieurs semaines. Il s'agissait là de la répétition générale. Les scientifiques vérifiaient une dernière fois qu'ils n'avaient rien oublié, résolvaient les derniers problèmes techniques, etc. Chose exceptionnelle, tout se passait si bien que ce coup d'essai ne se distinguait en rien du vrai test. Les faisceaux de protons faisaient le tour de l'anneau dans des directions opposées à travers les tunnels environ 11 000 fois par seconde, créant 600 millions de collisions par seconde. De son côté, ATLAS lisait les données.

## *LE CERN*

Le CERN, ou Organisation européenne pour la recherche nucléaire, est un laboratoire international pour la physique des particules situé à la frontière franco-suisse.

En 1990, un scientifique du CERN, Tim Berners-Lee, a inventé le World Wide Web afin que les physiciens des particules puissent facilement échanger des informations. Aujourd'hui, le Web est un outil utilisé par quasiment tout le monde !

Fondé en 1954, le CERN abrite des collisionneurs depuis plus de 50 ans maintenant, dans le cadre de ses recherches en particules fondamentales.

En 1983, le SPS, ou Super Synchrotron à protons, a provoqué la collision de protons et d'antiprotons (la version antimatière du proton) et a découvert les bosons W et Z, qui transportent la force nucléaire faible. Le SPS est construit à l'intérieur d'un tunnel circulaire de 7 kilomètres de circonférence ; aujourd'hui, il alimente le LHC en protons.

En 1988, après trois ans de forage, un nouveau tunnel circulaire de 27 kilomètres de circonférence situé à 100 mètres de profondeur a été achevé. Il abrite le LEP, ou Grand Collisionneur électron-positon. Le LEP est un collisionneur de positons (la version antimatière de l'électron).

En 1998 commence le creusement de cavernes souterraines pour le LHC. Le LEP est arrêté en novembre 2000 pour faire de la place à ce nouveau collisionneur dans le même tunnel.

Le LHC est mis en fonctionnement pour la première fois en septembre 2008.

## Le Grand Collisionneur de hadrons (LHC)

### *LE LHC*

Le LHC, ou Grand Collisionneur de hadrons, est le plus grand accélérateur de particules au monde.

Deux tubes à faisceaux courent le long du tunnel circulaire de 27 kilomètres du LHC. Chacun transporte un faisceau de protons qui voyage dans une direction opposée. Un immense champ de courses électromagnétique !

À l'intérieur des tubes, on a aspiré presque tout l'air afin de créer un vide tel qu'il existe dans l'espace extra-atmosphérique. Ainsi, les protons peuvent voyager sans heurter de molécules d'air.

Le cœur du LHC est l'endroit le plus inanimé sur Terre !

Comme le tunnel est courbe, plus de 1 200 puissants aimants disposés tout le long inclinent la course des protons de façon qu'ils ne heurtent pas les parois du tube. Les aimants sont supraconducteurs : ils génèrent de très grands champs tout en perdant très peu d'énergie. Il faut les refroidir avec de l'hélium liquide pour obtenir une température de –271 degrés celsius – plus froid que l'espace extra-atmosphérique.

Il y a en tout et pour tout environ 9 300 aimants dans le LHC.

À pleine puissance, chaque proton effectuera 11 245 tours d'anneau par seconde et voyagera à plus de 99,99 % de la vitesse de la lumière. Il y aura plus de 600 millions de collisions frontales entre protons par seconde.

Le LHC est un collisionneur de protons mais aussi d'ions plomb (noyaux d'atomes de plomb).

## LA GRILLE

Avec environ 1 mégabit de données par collision, les détecteurs du LHC produisent trop de données pour l'équipement de stockage le plus moderne. Les algorithmes des ordinateurs sélectionnent donc les événements les plus intéressants. Le reste, soit plus de 99 % des données, est mis au rebut.

Malgré cela, les données des collisions du LHC en un an atteignent les 15 millions de gigas (ce qui remplirait 75000 PC munis d'un disque dur de 200 gigas). Cela crée un stock énorme et des problèmes de traitement, surtout depuis que les scientifiques ayant besoin des données sont dispersés dans le monde entier.

Le stockage et le traitement sont partagés grâce à l'envoi rapide des données par Internet aux ordinateurs d'autres pays. Ces ordinateurs et ceux du CERN forment le WLCG, ou Grille de calcul mondiale du LHC.

## LES DÉTECTEURS

Le LHC possède 4 détecteurs principaux situés dans des cavernes souterraines à différents points autour de la circonférence du tunnel. Des aimants spéciaux permettent la collision des deux faisceaux aux 4 points le long de l'anneau où sont situées les cavernes.

ATLAS est le plus grand détecteur de particules jamais construit. Il mesure 46 mètres de long, 25 mètres de haut, 25 mètres de large et pèse 7000 tonnes. Il identifiera les particules produites lors des collisions à haute énergie en traçant leur vol à travers le détecteur et en enregistrant leur énergie.

CMS (Solénoïde compact à muons) utilise un modèle différent pour étudier les mêmes phénomènes qu'ATLAS (deux modèles différents de détecteurs permettent de confirmer les découvertes). Il mesure 21 mètres de long, 15 mètres de large et 15 mètres de haut, mais pèse plus lourd qu'ATLAS, soit 14000 tonnes.

ALICE (Expérience sur un grand collisionneur d'ions) sert spécifiquement à la recherche du plasma quark-gluon produit par la collision entre ions plomb. Ce plasma aurait existé très tôt après le Big Bang. ALICE mesure 26 mètres de long, 16 mètres de haut, 16 mètres de large et pèse plus de 10000 tonnes.

LHCb (Expérience du LHC sur le quark beauté) – la « beauté » fait référence au quark b que ce détecteur doit étudier. Le but de cette expérience est de clarifier la différence entre la matière et l'antimatière. LHCb mesure 21 mètres de long, 10 mètres de haut, 13 mètres de large et pèse 5600 tonnes.

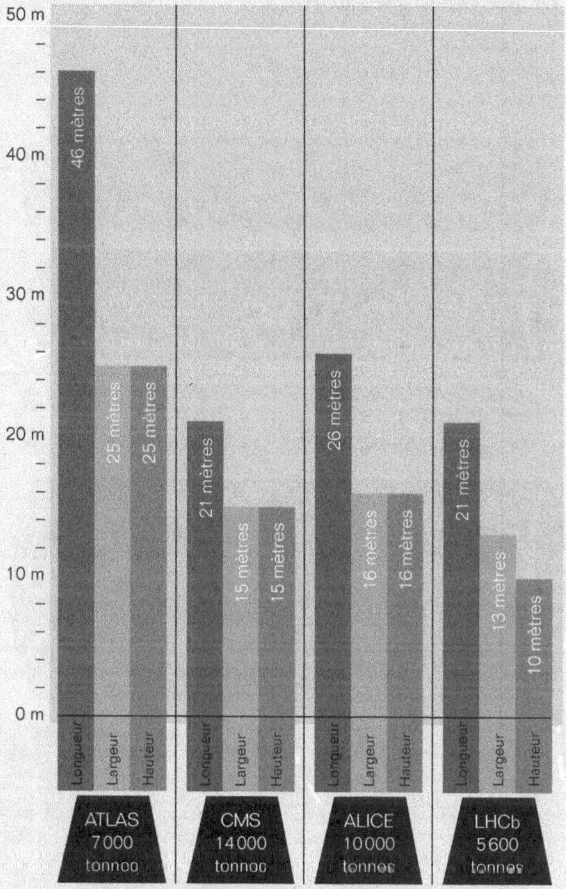
50 m
40 m
30 m
20 m
10 m
0 m
46 mètres
25 mètres
25 mètres
21 mètres
15 mètres
15 mètres
26 mètres
16 mètres
16 mètres
21 mètres
13 mètres
10 mètres
Longueur
Largeur
Hauteur
Longueur
Largeur
Hauteur
Longueur
Largeur
Hauteur
Longueur
Largeur
Hauteur
ATLAS
7000
tonnes
CMS
14000
tonnes
ALICE
10000
tonnes
LHCb
5600
tonnes

## Le Grand Collisionneur de hadrons (LHC)

***De nouvelles découvertes ?***

Le modèle standard de la physique des particules décrit les forces fondamentales, les particules qui transmettent ces forces et les trois générations de particules de matière.
Mais…

Seuls 4,6 % de l'Univers sont composés du type de matière que nous connaissons. De quoi est fait le reste (la matière noire et l'énergie noire) ?

Pourquoi les particules élémentaires ont-elles une masse ? Le boson de Higgs – une particule prévue par le modèle standard mais jamais observée – pourrait l'expliquer. On espère que le LHC verra le Higgs pour la première fois.

Pourquoi l'Univers contient-il beaucoup plus de matière que d'antimatière ?

Pendant un bref instant, juste après le Big Bang, les quarks et les gluons étaient si chauds qu'ils ne pouvaient pas encore s'associer pour former des protons et des neutrons. L'Univers était rempli d'un étrange état de la matière appelé le « plasma quark-gluon ». Le LHC recréera ce plasma et l'expérience ALICE doit le détecter et l'étudier. De cette manière, les scientifiques espèrent en apprendre davantage sur l'interaction nucléaire forte et le développement de l'Univers.

De nouvelles théories essaient d'amener la gravité (ainsi que l'espace et le temps) dans la même théorie quantique qui a déjà décrit les autres forces et les particules subatomiques. Certaines de ces idées suggèrent qu'il y a plus que les quatre dimensions familières de l'espace-temps. Les collisions du LHC pourraient nous permettre de voir ces « extra-dimensions », si elles existent !

Alors que la bonne marche de l'expérience aurait dû être une source de grande joie pour Éric, c'était un instant solitaire et étrange. Ses collègues et amis se montraient compréhensifs mais distants. Jusqu'à ce que l'Ordre chasse d'une manière ou d'une autre le nuage noir qui flottait sur sa tête, il était une figure controversée que les gens évitaient poliment.

Pire que cet isolement, Éric craignait d'être écarté de ce travail qui le passionnait tant. Les expériences en cours étaient les plus importantes qui avaient jamais été menées et risquaient de donner des réponses aux grandes questions de la physique. Éric réalisa soudain qu'en cas d'échec de la réunion, s'il était chassé de l'Ordre, il devrait quitter les lieux sur-le-champ. Il ne serait pas témoin du moment le plus crucial dans l'histoire de la science depuis le Big Bang. Peu importait les résultats de l'expérience, on l'empêcherait d'en lire les données.

Il était isolé et suspect, à la frontière du monde scientifique. Était-ce le sort qu'il avait lui-même fait subir au professeur Tiburce Rex autrefois ? Rex avait-il ressenti la même chose quand ses pairs l'avaient injurié et rejeté ? Une grande tristesse l'enveloppa quand il pensa à son avenir loin du travail qu'il aimait par-dessus tout.

Son pager bipa : *Réunion confirmée ce soir à 19 h 30. Salle de contrôle au sous-sol.* Éric soupira. Il fallait voir le bon côté des choses : il serait bientôt fixé sur son sort.

Il attendait depuis un moment maintenant. Il avait fallu plus de temps que prévu aux membres de l'Ordre de la quête scientifique pour le bien de l'humanité pour arriver à Genève. Éric n'avait même pas Cosmos pour lui tenir compagnie puisque le superordinateur lui avait été confisqué à l'instant où il était descendu du jet et avait posé le pied sur le tarmac suisse. Le professeur Ling, le scientifique chinois qui avait repéré les deux amis sur la Lune, l'attendait sur le terrain d'aviation, l'air embarrassé, incapable de regarder son collègue dans les yeux tandis que la pluie tombait à seaux cette nuit-là.

— Je suis vraiment désolé, Éric, avait-il affirmé, mais vous devez me remettre Cosmos immédiatement.

— Que comptez-vous en faire ?

— Il sera interrogé par la Grille de calcul qui analysera toutes ses activités depuis qu'il est en votre possession.

Éric pensa à Fred. Il se demanda ce que la Grille, ce réseau informatique mondial destiné à traiter les milliards de données générées par le LHC, en conclurait quand elle s'apercevrait que Cosmos et Éric avaient transféré un cochon d'une ferme pédagogique à un paradis rural. Et que dirait-elle du récent voyage d'Éric et Georges sur la Lune – sans parler de ses divers périples à travers l'Univers en compagnie de deux enfants, pas moins !

Bien que la Grille fût l'un des ordinateurs les plus puissants au monde, elle n'était pas comme Cosmos. Celui-ci possédait un pouvoir spécial qui manquait à son homologue : l'empathie. Cette qualité lui permettait de se montrer créatif et faisait de lui l'ordinateur le plus intelligent qui soit. La Grille était incapable de contourner ses propres règles rigides ou d'établir des connexions intuitives entre différentes informations. Lors d'un combat régulier, Éric savait que son petit malin de Cosmos gagnerait à tous les coups contre l'énorme brute. Cependant, le savant était triste que son ami argenté doive être confronté à un tel défi.

Éric regarda la pendule. La réunion qui allait décider de son sort approchait à grands pas. Il était encore abasourdi par la vitesse à laquelle le cours de sa vie avait été bouleversé. Était-elle si grave, cette photo prise sur la Lune ? Avait-il vraiment mérité cette réunion extraordinaire de l'Ordre ? Ne faisaient-ils pas une montagne d'une minuscule taupinière lunaire ?

Un scientifique passa à côté de lui, le menton levé, déterminé à ne pas croiser le regard d'Éric.

Ce dernier l'interpella :

— Excusez-moi, est-ce que le professeur Zuzubin est arrivé ?

Peut-être parviendrait-il à persuader son ancien tuteur de porter un regard indulgent sur ce ridicule incident ? Zuzubin pourrait demander à l'Ordre de se montrer clément envers lui s'il promettait de ne plus jamais recommencer.

— Zuzubin ? Il est parti.

— Parti ? répéta Éric, surpris. Mais je croyais qu'il présidait la réunion ! Pourquoi n'est-il pas resté alors que le résultat semblait être très important pour lui ?

Son collègue écourta la conversation et laissa Éric seul avec ses pensées, troublé.

Quelque chose ne tournait pas rond. Cette réunion avait été organisée bien trop vite et sous un prétexte plutôt léger. Zuzubin, le soi-disant superviseur, avait soudain disparu et Cosmos était examiné circuit après circuit par la

Grille toute-puissante. Tout allait de travers. Mais que pouvait-il faire ?

Il sortit son portable de sa poche. Pas de réseau. Même là, dans la salle de contrôle principale, la Grille émettait un puissant signal qui empêchait toute communication. Il n'avait pas d'autre choix que de se servir du système de pager interne ou du réseau téléphonique du LHC. Tout à coup, il s'aperçut qu'il n'avait personne à appeler. Georges était le seul qui le croirait sans poser de questions, et ce n'était franchement pas le moment de mêler un enfant à cette situation pénible et délicate.

Dans un soupir, il décida qu'il ferait mieux d'éteindre son téléphone avant de manquer de batterie. Il traîna dans la salle de contrôle encore quelques minutes. Enfin, il n'y tint plus : il décida d'aller se promener pour retrouver son calme.

## Chapitre 14

Georges sortit telle une bombe du tunnel et glissa sur le ventre jusqu'au milieu de sa chambre. Alors qu'il reprenait doucement son souffle, il s'aperçut, comme sur l'astéroïde, qu'il n'était pas seul. Cette fois-ci, deux paires de baskets l'attendaient. Il roula sur le dos. À travers la vitre incurvée de son casque de cosmonaute, il vit deux visages flous qui le toisaient, l'un avec inquiétude, l'autre avec étonnement. Le premier était entouré de cheveux blonds et avait les yeux bleus et ronds. Le deuxième était surmonté de pics noirs.

La plus petite des deux silhouettes le secoua.

— Georges ! Dieu merci, tu es revenu ! Tu n'aurais pas dû y aller tout seul.

Qui étaient ces gens ? Georges batailla pour mettre un nom sur leur visage. Il les avait déjà rencontrés, dans un rêve étrange, mais il ne parvenait pas à se souvenir dans quelles circonstances et à quel endroit. Des lumières dansaient devant ses yeux tandis qu'il combattait le nuage multicolore et changeant et tentait de produire des pensées sensées. Malheureusement elles s'évaporaient dans la brume de son cerveau avant qu'il ait pu les attraper.

L'inconnu le plus grand prit ses mains encore protégées par les gants et l'aida à se lever. Mais Georges ne tenait pas debout, comme si ses os avaient fondu et ses muscles s'étaient transformés en purée.

— Eh, mec ! Reste avec nous ! s'exclama la grande silhouette quand elle rattrapa Georges au vol.

Celui-ci ne voyait net que par intermittence, car la lumière argentée du tunnel tourbillonnait encore devant ses yeux.

— Tu viens d'où ? Et c'est quoi, ce truc ?

Georges fit alors un gros effort de concentration. Il constata que le portail était refermé et que Pooky avait retrouvé son calme. Il s'interrogea ensuite sur cette étrange personne qui le soulevait dans ses bras puis le portait à moitié jusqu'à son lit où elle l'allongeait, toujours vêtu de sa combinaison spatiale. Son réservoir à oxygène s'enfonça dans son dos.

Une paire de mains détacha son casque spatial et le lui ôta avant d'essuyer son visage en sueur avec le coin de sa couette en plumes.

— De l'eau ! cria la petite silhouette. Va vite lui chercher de l'eau !

L'autre personne sortit en courant de la chambre et revint avec un verre.

— Tiens, bois ça !

Elle fit couler un filet d'eau dans la bouche de Georges.

De son côté, la petite personne tirait sur ses bottes spatiales.

— Georges ! C'est moi, Annie ! Vincent, aide-moi, lui ordonna-t-elle. Il faut qu'on lui enlève cette combinaison !

Ils prirent chacun une botte, défirent les attaches, tirèrent de toutes leurs forces et tombèrent en arrière quand ils libérèrent les pieds de Georges de ces lourds accessoires. Ni une ni deux, ils se relevèrent et se précipitèrent vers leur ami dont l'état se dégradait de minute en minute. Georges était blanc comme un linge, mis à part ses joues couvertes de taches rose vif. Ses yeux roulaient dans leurs orbites chaque fois qu'il essayait de se concentrer sur eux.

— Qu'est-ce qu'il lui arrive ? s'inquiéta Vincent pendant qu'Annie redressait Georges et lui enlevait son réservoir à oxygène.

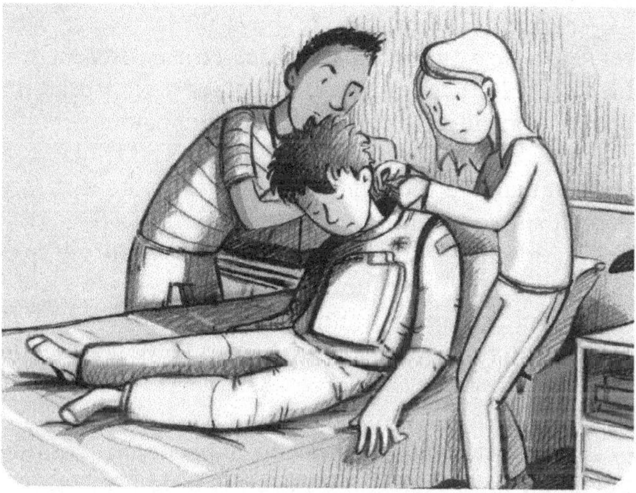

— Défais sa fermeture Éclair, commanda-t-elle.

Vincent obéit puis lui retira les bras des manches. Enfin, il le souleva pour ôter complètement la combinaison. En dessous, Georges avait gardé son tee-shirt et son jean.

Il s'effondra dans les bras de Vincent, comme si tous ses os avaient disparu de son corps. Le jeune homme le reposa en douceur sur son lit et, avec un tee-shirt qu'il ramassa par terre, il essuya le visage dégoulinant de Georges.

— La combinaison, lui cria Annie. Donne-la-moi !

Vincent lui jeta le lourd vêtement et dès qu'elle le réceptionna, Annie en fouilla les poches avec frénésie.

— Où c'est ? marmonna-t-elle, agacée.

— Il n'a vraiment pas l'air bien, la prévint Vincent. J'appelle un médecin ?

Annie leva la tête un instant et lui lança un regard furieux.

— Pour lui dire quoi ? aboya-t-elle. Notre ami revient d'un voyage dans l'espace et il ne se sent pas bien ? On lui expliquera que Georges a emprunté un portail non autorisé et apparemment dangereux ?

Annie était au bord de la crise de nerfs. De la bave verte coulait à présent de la bouche de Georges et serpentait sur son menton.

— Aide-moi ! Je cherche les gouttes de survie spatiale. Elles sont dans l'une de ces poches.

Vincent attrapa l'autre moitié de la combinaison. Il la tapota dans toute sa longueur dans l'espoir de sentir quelque chose.

— C'est ça ?

Il avait localisé un petit flacon en plastique dans une poche du bras. REMÈDE DE SECOURS, pouvait-on lire en lettres rouges sur l'étiquette. Vincent poursuivit à voix haute :

— *Besoin de secours dans l'espace ? On souffre du mal de l'espace à son retour ? Nausées ? Perte de la vue ? Muscles qui se transforment en glu ? Cheveux qui tombent ?*

Il examina Georges d'un air anxieux. Leur ami avait encore plein de cheveux sur la tête.

— Donne !

— Tu en as déjà pris ? l'interrogea Vincent, peu rassuré.

— Je n'en ai jamais eu besoin, avoua Annie. Mais papa nous a toujours dit de prendre ces gouttes si on revenait malade d'un séjour dans l'espace.

Vincent lui lança le flacon. Georges fut soudain pris de violentes convulsions. Aussitôt, Annie déposa quelques gouttes dans sa bouche. Un peu de liquide ambré s'infiltra entre ses lèvres engourdies qui bleuissaient à vue d'œil.

— Je vous en prie, planètes et étoiles, murmura Annie, que ce remède fonctionne pour Georges !

Puis elle versa d'autres gouttes.

— Tu as vérifié la dose ? demanda Vincent.

— T'inquiète ! Le flacon ne contient qu'une seule dose. Impossible de se tromper. C'est ce que papa m'a dit.

Au même moment, les lèvres de Georges reprirent leur couleur rose, son visage arbora un teint plus sain. Ses halètements rapides cédèrent la place à un souffle plus léger. Il cligna des yeux tandis que le remède spatial se diffusait dans tout son corps, remettant un peu d'ordre dans ses organes bousculés par le voyage cosmique.

— Oh, Georges ! s'écria Annie, et elle éclata en sanglots.

Vincent la prit dans ses bras au moment où le collégien ouvrait les yeux.

— Qu'est-ce que… ? bredouilla Georges.

Annie et Vincent firent un bond en arrière et se ruèrent de chaque côté du lit.

— Georges ! Tu es vivant ! s'exclama Annie.

Elle l'embrassa sur la joue.

— Annie ? marmonna-t-il, la tête comme dans un étau. C'est toi ?

— C'est moi ! Vincent est là aussi, ajouta-t-elle. Nous t'avons sauvé la vie. Tu es arrivé par ce tunnel bizarroïde dans ta combinaison spatiale et tu as été pris de convulsions.

— Pardon ? s'étonna le collégien, qui se sentait en pleine forme.

Il se redressa et examina sa chambre.

— Tu bavais, expliqua Vincent. Et tes yeux partaient dans tous les sens.

Georges se rallongea et ferma les paupières. Étrange… Il essayait de se rappeler les derniers événements, mais une seule image lui venait : celle d'Annie et Vincent dans les bras l'un de l'autre alors qu'il sortait de son délire multicolore.

— Georges ? l'interrogea Annie. Où étais-tu ? Que faisais-tu dans l'espace sans nous ?

— Nous ?

— Vincent et moi.

Annie pouvait laisser libre cours à son impatience, maintenant que son ami était sorti d'affaire.

— Nous t'aurions accompagné si tu nous avais attendus. Nous sommes venus le plus vite possible, dès que tu as cessé de parler au téléphone.

— Comment êtes-vous entrés chez moi ?

Son cerveau n'avait pas encore assez récupéré pour se souvenir de son séjour dans l'espace. Il gérait uniquement son environnement immédiat.

Un hurlement digne d'une sirène de paquebot répondit à sa question.

— Ta maman et les jumelles. Rosemarie nous a ouvert.

— Elle est au courant pour le portail spatial ? cria Georges, paniqué.

— Non. Elle est trop occupée avec les bébés. Je ne crois pas qu'elle ait entendu quoi que ce soit.

— Tiens, bois un peu d'eau, intervint Vincent qui lui tendit le verre.

Georges but une grande gorgée, qu'il faillit recracher immédiatement.

— Qu'est-ce que c'est ? demanda-t-il, l'air dégoûté.

— Désolé. C'est le verre à dents. J'ai pris le premier truc qui me tombait sous la main.

— Allez, Georges ! l'interrompit Annie. Réfléchis ! Où étais-tu ? Et surtout pourquoi es-tu parti ?

Soudain, tout s'éclaircit dans l'esprit de Georges. La gravité de la situation était d'une clarté renversante… comme le manque absolu de temps.

— Par les saintes cordes super-symétriques ! marmonna-t-il en reprenant l'expression préférée de ce geek d'Emmett. Vincent... puis-je te faire confiance ?

– Je pense que tu es obligé, répondit Annie. Étant donné ce qu'il vient de voir. De plus, il m'a aidée à te sauver la vie. Maintenant, dis-nous, Georges : que t'est-il arrivé là-haut ?

Georges réfléchit une seconde. L'enjeu s'avérait plus important que ses sentiments. Il n'appréciait peut-être pas beaucoup Vincent, mais il fallait faire avec, vu que Karaté Kid savait leur secret.

Il prit une profonde inspiration.

— J'ai rencontré Rex.

— Il t'attendait donc là-haut ! soupira Annie.

— C'est le type qui fiche la chair de poule ? demanda Vincent.

Il prit le verre des mains de Georges et en but une grande lampée.

— Ouais... c'est lui, répondit ce dernier. Il m'a donné rendez-vous sur un astéroïde dans la galaxie d'Andromède.

— Andromède ! couina Annie. Waouh ! Je ne suis jamais allée aussi loin.

Elle paraissait presque jalouse.

— Je ne te le recommande pas, fit Georges avec une grimace. Je ne pense pas que le portail de Pooky corresponde aux normes de sécurité en vigueur.

— Toi, tu es un vrai dur, mec, commenta Vincent, admiratif.

— Euh... merci.

Au même instant, Rosemarie frappa à la porte et passa la tête dans la chambre. Elle leur tendit un plateau.

— Je vous ai apporté des muffins aux brocolis et aux épinards !

— Merci, madame ! Ils ont l'air délicieux ! lui lança Annie.

Elle se dépêcha de prendre les gâteaux et de bloquer la porte jusqu'à ce que Rosemarie redescende auprès de ses filles qui hurlaient encore.

Vincent, qui avait toujours faim, se jeta sur les muffins avec un petit cri de joie. Alors qu'il les goûtait, son expression passa du régal à la surprise.

— Oh, mon Dieu ! s'exclama-t-il, la bouche pleine.

Annie lui donna un coup de pied avant qu'il ne fasse des commentaires grossiers sur la cuisine de Rosemarie. Georges et elle avaient le droit de se moquer de ses talents de pâtissière, mais pas Vincent.

— Eh ! s'offusqua-t-il. Je voulais juste dire que ces muffins ont une haute valeur énergétique. On dirait les gâteaux qu'on mange avant les championnats de karaté. Pas étonnant que Georges soit un homme d'acier, s'il ne se nourrit que de cela.

— Il est quelle heure ? demanda tout à coup Georges.

Vincent examina sa montre.

— Dix-sept heures six.

— Cinq heures ? Nous n'avons pas beaucoup de temps. Attendez ! Il est quelle heure en Suisse ?

— Dix-huit heures six.

— OK. Il faut qu'on fasse vite. Annie, tu m'as bien dit que la réunion de l'Ordre avait lieu à 19 h 30 ce soir ? D'après Rex, les Barges disposent d'une bombe – à mécanique quantique – et je parie qu'ils ont prévu de la faire exploser au début de cette réunion. Ainsi le collisionneur et tous ses occupants seront expédiés dans l'autre monde et la science reculera de plusieurs siècles.

— Une bombe à mécanique quantique ? répéta Annie, qui sembla soudain aussi malade que Georges quelques minutes plus tôt. Qu'est-ce que c'est ?

— C'est compliqué, avoua Georges. Rex m'a expliqué son fonctionnement, mais je ne sais pas trop si je pourrai la désamorcer. Nous ferions mieux d'emmener ceci avec nous.

Il leur montra la série de numéros pondue par Pooky.

— Ce pourrait être le code qui neutralisera la bombe.

— Qu'est-ce qui te fait penser que T-Rex a dit la vérité ? s'enquit Annie.

— Absolument rien. Pourtant, je veux croire qu'il est de notre côté, cette fois-ci. Et du côté d'Éric, bien sûr. Rex veut contrecarrer les plans machiavéliques de ces cinglés que nous avons vus dans la cave quand nous cherchions un endroit pour Fred.

— Vous n'allez pas faire confiance à ce type ! protesta Vincent. Vous oubliez qu'il vous a trahis à plusieurs reprises par le passé.

Mais Annie avait déjà sorti son téléphone pour

appeler son père. Hélas, la communication ne passait pas. Elle ne parvenait même pas à laisser un message.

— C'est un risque à prendre, continua Georges. Si nous n'agissons pas – et vite –, il est très probable que le collisionneur explosera pendant la réunion de l'Ordre de la quête scientifique pour le bien de l'humanité ce soir.

— Nous n'arriverons jamais à temps ! remarqua Annie. Il nous faudrait un portail et Cosmos est déjà là-bas !

— Il existe un autre portail, affirma Georges.

Depuis sa visite au département de Mathématiques, un détail n'avait cessé de le turlupiner et, enfin, il avait découvert le chaînon manquant.

— Je sais où le trouver !

Annie ne comprenait plus rien.

— Où ? Je croyais que Cosmos était le seul superordinateur au monde – si l'on excepte Pooky, qui me paraît peu fiable.

— Tu as raison, Annie. Nous ne pouvons pas utiliser Pooky : nous ne savons pas comment il fonctionne et son portail ne vaut pas grand-chose. Par contre, si nous savons comment nous servir du nouveau Cosmos, cela signifie que nous sommes capables de faire fonctionner le vieux Cosmos !

— Le vieux Cosmos ?

— Tu te rappelles la conférence de ton père ?

Le cerveau de Georges marchait à présent à la vitesse de la lumière.

— Ce minable professeur Zuzubin se trouvait là-bas. C'est lui qui a ordonné à Éric de se rendre en Suisse. C'est lui qui a convoqué cette réunion exceptionnelle de l'Ordre.

— Et alors ? Où veux-tu en venir ?

— Quand nous avons quitté le département de Maths, Zuzubin ne nous a pas suivis.

— Et… ?

— Éric ne nous a-t-il pas confié qu'à l'époque où il était étudiant à Foxbridge, le vieux Cosmos – le premier superordinateur – était installé dans le sous-sol du département de Maths ? Eh bien, après la conférence, j'ai vu Zuzubin descendre l'escalier menant au sous-sol alors que nous franchissions la porte principale. Autre détail important : il portait des lunettes jaunes, comme celles qu'Éric a trouvées quand il est tombé dans le trou noir. Par conséquent, quelqu'un d'autre voyage à travers l'Univers et sème des objets.

— Et pour cela, il doit avoir un superordinateur ! en conclut Annie. Tu en déduis que le vieux Cosmos se trouve dans le sous-sol du département de Maths et que Zuzubin l'utilise pour…

— Mais ça fait une éternité que le père d'Annie a fini ses études ! remarqua Vincent. Cet ordinateur ne doit plus fonctionner, à présent.

— C'est ce qu'on veut nous faire croire, répondit Georges. S'il marche, il a permis à Zuzubin de s'approcher des trous noirs. Il peut donc nous envoyer en Suisse et nous permettre de désamorcer la bombe à mécanique quantique dans les temps.

— Pourquoi Zuzubin garderait-il un secret pareil ? les interrogea Annie.

Georges avait un sombre pressentiment.

— Je l'ignore…, répliqua-t-il, mais j'espère que nous le découvrirons bientôt. Allons vite à l'université. En ce moment, Zuzubin assiste à la réunion au LHC. Profitons-en pour essayer le vieux Cosmos.

Annie et lui descendirent les marches quatre à quatre, se ruèrent dehors et enfourchèrent leurs vélos. Vincent les suivait de près.

— Il y a une chose que je ne comprends pas..., commença le skateboarder. Pourquoi les maths ? Qu'est-ce que cette matière a à voir avec le reste ? Ce n'est qu'un tas de nombres sur un tableau noir qui s'ajoute à un autre tas de nombres. Quel rapport avec l'Univers ?

## COMMENT LES MATHÉMATIQUES SONT DRÔLEMENT UTILES POUR COMPRENDRE L'UNIVERS

Il est évident que notre quotidien est fait à la fois de choses simples et de choses complexes. Nous savons que le Soleil se lève tous les jours pile à l'heure, mais que la météo change de manière ennuyeuse et aléatoire – à moins de vivre comme moi en Arizona où il fait presque toujours beau et chaud. On peut donc régler son réveil le soir au coucher et être sûr d'être debout à la bonne heure le lendemain. Par contre, si on choisit ses habits trop en avance, on a de fortes chances de se tromper.

Certaines choses simples, régulières et sûres peuvent être décrites à l'aide de nombres : combien il y a d'heures dans la journée, de jours dans l'année... Nous utilisons aussi des nombres pour des choses compliquées, comme la météo – par exemple, la température maximale du jour –, mais il est alors souvent rare de déceler un pattern, ou modèle, dans les nombres.

Nos ancêtres ont remarqué de nombreux patterns dans la nature : la nuit et le jour bien sûr, mais aussi les saisons, les mouvements de la Lune, des étoiles et des planètes dans le ciel, les changements de marées. Parfois, ils utilisaient des nombres pour décrire les patterns, et parfois des chansons et des poèmes. De nombreux peuples anciens ont déployé beaucoup d'efforts pour décrire le mouvement des corps célestes avec des nombres et des patterns. Ils aimaient prédire les éclipses – ces événements aussi effrayants que passionnants au cours desquels la Lune obstrue la lumière du Soleil et l'on peut voir les étoiles en plein jour. Connaître la date exacte d'une éclipse nécessitait une foule de calculs ennuyeux, et il y avait de fortes chances de tomber à côté. Seulement, en cas de bonne prédiction, le peuple était impressionné.

Autrefois, on ignorait pourquoi les nombres et les patterns simples se produisaient souvent dans la nature. Mais, il y a environ 400 ans, certaines personnes ont commencé à étudier les patterns avec plus d'attention. Surtout en Europe, car on y disposait de magnifiques instruments fabriqués avec talent, qui permettaient d'observer et de mesurer les choses de façon précise. Les gens possédaient des horloges et des cadrans solaires, toutes sortes d'objets métalliques pour calculer les distances, les angles, le temps… voire de petits télescopes. Ces personnes curieuses se surnommaient les « philosophes naturels », soit nos scientifiques actuels.

Une chose intriguait particulièrement ces philosophes naturels : le mouvement. Au début, il semblait en exister de deux sortes : les étoiles et les planètes qui bougeaient dans le ciel, et les objets qui se déplaçaient sur la Terre. Tout le monde le sait, quand on lance une balle, sa trajectoire est courbe. Il n'y a pas besoin de trente-six essais pour se rendre compte que cette courbe demeure la même si la balle est lancée à la même vitesse et selon le même angle.

Évidemment, nos ancêtres avaient conscience que les objets en mouvement suivaient des trajectoires prévisibles. Pourquoi ? Parce que leur vie en dépendait. Lorsqu'ils lançaient une pierre ou une flèche, les chasseurs devaient être sûrs que leur projectile prenait la même direction que la veille. En Australie, le peuple autochtone – les Aborigènes – était si intelligent qu'il fabriquait des bâtons plats appelés « boomerangs ». Une fois lancé, l'objet suivait un chemin précis avant de revenir vers le lanceur.

Au XVIe siècle, les mathématiques avaient dépassé la simple arithmétique pour inclure l'algèbre et d'autres méthodes plus ou moins fantaisistes. Les philosophes naturels étaient capables de rédiger des équations afin de rendre compte de la plupart des patterns rencontrés dans la nature. En particulier, ils écrivaient des équations pour décrire les courbes telles que la trajectoire des flèches et des balles. Ainsi, une équation simple décrit un cercle, une autre, légèrement différente, un cercle écrasé appelé « ellipse » et une autre encore la courbe d'une corde suspendue entre deux piquets. En utilisant ces mathématiques avancées, on pouvait décrire une immense variété de patterns et de formes non plus seulement par des mots mais par des symboles et des équations tracées sur du papier, puis imprimées pour d'autres scientifiques et mathématiciens afin qu'ils les étudient.

Certes, c'était utile, mais ce n'était qu'une description des patterns de la nature, et non une explication. Les choses prirent un tournant important avec les travaux de Galileo Galilei, en Italie, au début du XVIIe siècle. Tout le monde sait qu'un objet lâché depuis une hauteur tombe vers le sol de plus en plus vite. Galilée voulait creuser le problème : quelle vitesse atteint cet objet au bout d'une seconde, de deux secondes, de trois secondes... ? Y a-t-il un pattern ? Il décida de faire tomber des objets et de les chronométrer. Il fit rouler des balles le long de pentes pour que l'expérience se produise plus lentement et soit plus facilement observable. Puis il s'assit devant toutes ses mesures, fit un peu (beaucoup) d'algèbre et de géométrie, jusqu'à ce qu'il trouve une formule qui décrive correctement la manière dont tous les objets qui tombent vont de plus en plus vite lors de leur chute.

La formule de Galilée est assez simple : si un objet au repos tombe, sa vitesse croît proportionnellement à la durée de sa chute. Par conséquent, quand un objet tombe deux secondes, il va exactement deux fois plus vite qu'à une seconde. Il y a plus. Si cet objet est jeté d'une hauteur selon un certain angle au lieu d'être simplement lâché, il tombera de la même manière mais il se déplacera aussi horizontalement. La formule de Galilée dit que la forme de la trajectoire suivie par l'objet se nomme « parabole », une des courbes que les mathématiciens connaissaient déjà par l'étude de la géométrie.

L'étape décisive fut franchie quand Isaac Newton, en Angleterre, comprit comment les objets – des ballons, en l'occurrence – changeaient leur mouvement (accéléraient ou décéléraient) quand ils étaient poussés ou tirés par des forces. Il rédigea une équation très simple pour décrire ce phénomène.

Dans le cas de la chute des objets de Galilée, la force concernée est évidemment la gravité, que nous sentons tout le temps. Newton suggéra que la Terre attirait tout vers elle et son centre, avec une force proportionnelle à la quantité de matière contenue par l'objet (sa masse). L'équation de Newton reliant force et accélération expliqua donc la formule de Galilée pour les corps qui tombent.

Ce n'était que le début. Newton suggéra également que non seulement la Terre, mais tous les objets de l'Univers – y compris le Soleil, la Lune, les planètes, les étoiles et même les gens – attirent les autres objets avec une force de gravité qui s'amenuise avec la distance d'une manière précise. Il s'agit d'un carré inverse, jolie formule pour dire qu'à 2 fois la distance du centre de la Terre (du Soleil ou de la Lune), la force est plus forte d'1/4. À 3 fois, elle est plus forte d'1/9, etc.

À l'aide de cette formule et de son équation sur la manière dont la force et l'accélération sont liées, Newton fit des étincelles en mathématiques (discipline qu'il contribua à inventer) afin de découvrir comment les planètes et les comètes se déplaçaient autour du Soleil, attirées par la gravité solaire. Il calcula aussi comment la Lune orbitait autour de la Terre, et il ne se trompa pas ! Encore plus fort : ses calculs décrivent aussi de manière correcte la forme des orbites. Par exemple, les astronomes avaient mesuré que les orbites des planètes étaient des ellipses, et le grand Newton le démontra... avec ses calculs ! Pas étonnant qu'il ait été considéré comme un héros et un génie. Le gouvernement anglais était tellement content qu'il le chargea d'imprimer toute la monnaie.

L'œuvre de Newton sur le mouvement et la gravitation va plus loin. Il proposa que sa formule sur la gravité et son équation pour la force et l'accélération soient considérées comme des lois de la nature. Elles devaient être les mêmes partout dans l'Univers, tout le temps, et ne devaient jamais changer – un peu comme Dieu, en qui Newton croyait. Avant Newton, certaines personnes pensaient que le mouvement des objets sur Terre (ballons, bateaux, oiseaux...) n'avait rien à voir avec le mouvement des corps dans le ciel (la Lune, les planètes...). Aujourd'hui, nous savons qu'ils obéissent tous aux mêmes lois. Alors que les autres scientifiques s'étaient contentés de décrire le mouvement, Newton l'expliqua en termes de lois mathématiques.

En termes pratiques, ce fut un grand bond en avant, parce que, désormais, tout le monde pouvait s'asseoir sur une chaise et comprendre comment tel ou tel objet se déplaçait, sans le voir, sans quitter la pièce. Par exemple, on savait calculer où atterrirait un boulet de canon s'il était tiré à une certaine vitesse, selon un certain angle. Tout comme on calcule aujourd'hui quelle vitesse il faut pour quitter la Terre et ne jamais revenir. Grâce aux équations simples de Newton, les ingénieurs savent exactement comment diriger une fusée pour envoyer un engin spatial vers la Lune ou Mars, avant même d'avoir l'argent pour la construire.

Tout cela forma la physique – l'étude des lois basiques de l'Univers – qui est une science prédictive. Les physiciens pouvaient jouer avec leurs équations et prédire des faits que personne ne connaissait avant eux, comme l'existence de planètes inconnues. Uranus et Neptune furent découvertes après que les astronomes eurent utilisé les lois de Newton pour savoir où dans le ciel elles pouvaient se trouver. Nous nous servons à présent de ces lois pour prédire l'existence de planètes orbitant autour d'autres étoiles.

Très vite, les physiciens commencèrent à appliquer les mêmes idées à d'autres forces, telles que l'électricité et le magnétisme. Ils trouvèrent bientôt qu'elles obéissaient à des lois mathématiques simples elles aussi. Puis on étudia les atomes et leur noyau et on put les expliquer en détail à l'aide de formules mathématiques. Voilà pourquoi, aujourd'hui, il y a un assez grand nombre d'équations dans les manuels de physique.

Certains physiciens se demandent si cela va continuer ainsi indéfiniment, ou bien si toutes les lois et équations peuvent fusionner d'une manière ou d'une autre en une loi super géniale qui contiendrait toutes les autres. De nombreux « cerveaux » ont examiné les équations pour chercher des liens. Quelques-uns ont réussi.

Nous avons ainsi l'exemple célèbre de James Clerk Maxwell, un physicien écossais du XIXe siècle. Il constata que les lois de l'électricité et du magnétisme se rejoignaient, parvint à résoudre les équations et découvrit que cette force « électromagnétique » combinée pouvait générer des vagues d'électromagnétisme. Dès qu'il eut trouvé la vitesse des ondes à partir de ses équations, il en déduisit qu'elle équivalait à la vitesse de la lumière. Bingo! La lumière devait être une vague électromagnétique.

La quête d'une loi unique combinant toutes les forces se poursuit. Il faudra un esprit jeune et réellement brillant pour tout rassembler.

Quand j'étais lycéen, j'appréciais beaucoup une jolie jeune fille prénommée Lindsay. Un jour, alors que j'étais penché sur un problème de physique – je devais calculer (prévoir) sous quel angle lancer une balle en bas d'une colline de telle pente pour qu'elle parcoure la distance maximale –, Lindsay, qui étudiait l'art, était assise en face de moi à la bibliothèque de l'école. C'était agréable mais sa présence me rendait nerveux. Elle m'a demandé ce que je faisais. Quand je lui ai décrit le problème, elle s'est étonnée : « Comment peux-tu deviner ce que la balle fera en restant là à écrire sur un morceau de papier ? » À l'époque, j'ai trouvé sa question idiote. Après tout, c'était le devoir que nous avait demandé le prof! En vérité, Lindsay avait mis le doigt sur une question très importante. Pourquoi utiliser des lois mathématiques simples pour décrire et même prévoir des choses qui se passent autour de nous? D'où viennent ces lois? Et pourquoi la nature a-t-elle besoin de lois? Même si, pour une raison quelconque, il doit y avoir des lois dans la nature, pourquoi sont-elles aussi simples (comme la loi du carré inverse)? Nous sommes capables d'imaginer un univers grâce à des lois mathématiques tellement subtiles et compliquées que même le mathématicien le plus doué serait déconcerté.

Personne ne sait pourquoi l'Univers peut être expliqué avec des mathématiques simples, ni pourquoi le cerveau humain est assez intelligent pour le faire. Est-ce dû à la chance ? Certains pensent qu'un Dieu mathématicien a créé l'Univers ainsi. Mais tout le monde sait que les scientifiques et Dieu, cela fait deux... Est-il possible que la vie survienne uniquement si l'Univers est régi par des lois mathématiques simples ? La nature doit donc être mathématique ou nous ne serions pas là à en discuter ? Peut-être existe-t-il de nombreux univers, chacun possédant des lois différentes des nôtres, voire aucune ? Ces autres univers seraient dépourvus de scientifiques et de mathématiciens. Ou peut-être pas.

Pour être honnête, c'est un mystère, et la plupart des scientifiques pensent que cela ne fait pas partie de leur travail de s'en inquiéter. Ils considèrent donc les lois mathématiques de la nature comme un fait et continuent avec leurs calculs.

Je ne suis pas l'un d'eux. La nuit, je ne cesse de ruminer cette question. J'aimerais avoir une réponse. Mais qu'il y ait ou non une raison à la simplicité mathématique de l'Univers, il est clair que la physique et les mathématiques sont inextricablement entrelacées et que nous aurons toujours besoin de personnes pour faire des expériences et d'autres pour faire des mathématiques. Et elles feraient bien de continuer à se parler !

*Paul*

# Chapitre 15

Georges et Annie pédalèrent comme des furieux devant les citadelles du savoir aux formes particulières ; Vincent maniait sa planche avec grâce à côté d'eux. La ville abritait des quantités d'anciens bâtiments magnifiques où, pendant des siècles, des érudits avaient échafaudé de grandes théories, expliqué l'Univers et ses merveilles à un monde qui préférait souvent ne rien savoir.

Certaines universités ressemblaient à des forteresses, pour la bonne raison qu'à travers les époques elles avaient parfois été forcées de verrouiller leurs portes afin de rembarrer des foules hystériques effrayées par les nouvelles idées exposées par les savants. La gravité, par exemple. Que la Terre tourne autour du Soleil, et non l'inverse. L'évolution. Le Big Bang. La double hélice de l'ADN. Les possibilités de vie dans d'autres univers. Les épais murs de ces universités possédaient de minuscules fenêtres en vue de protéger leurs occupants d'un monde extérieur souvent hostile.

Les trois enfants traversèrent la cour du département de Mathématiques à toute allure, Georges et Annie jetèrent leurs vélos contre la grille noire et ils gravirent les marches menant à l'entrée. Les portes vitrées oscillaient au gré de la brise, et il n'y eut personne pour les intercepter quand ils

pénétrèrent dans le hall. Ils furent simplement salués par l'odeur familière de la craie et des vieilles chaussettes.

— On ne prend pas l'ascenseur ! murmura Annie au moment où Vincent allait appuyer sur le bouton. Il est trop bruyant ! Passons par l'escalier.

Vincent gara son précieux skateboard sous le tableau d'affichage dans le hall. Il remarqua quelques annonces pour des événements alléchants : MÉCANIQUE HAMILTONIENNE : INTÉGRABILITÉ ET NON-INTÉGRABILITÉ ou ORIGINE DE L'UNIVERS : PHASES TRANSITIONNELLES ; puis tous trois descendirent sur la pointe des pieds dans le sous-sol, Georges le premier, Annie ensuite et Vincent en dernier.

Arrivés en bas, ils découvrirent que les faibles lampes étaient déjà allumées. L'immense et unique pièce contenait un vrai capharnaüm : du vieux matériel de bureau, des PC abandonnés, des chaises cassées, des tables en morceaux, et des tonnes de papiers. Ils se frayèrent un chemin en silence parmi l'horrible bazar, guidés par le ronronnement d'un ordinateur. Très vite, ils comprirent qu'ils n'étaient pas seuls. Une voix s'éleva, claire, humaine mais aussi très frustrée :

— Non ! Crétin d'ordinateur ! Pourquoi tu ne me laisses pas faire ce que je veux !

Annie et Georges s'avancèrent doucement. Vincent, qui était plus grand qu'eux, les talonnait. À travers le fouillis, un vieil homme vêtu d'un costume en tweed essayait de faire fonctionner un énorme ordinateur. L'engin prenait un mur entier du sous-sol et était si archaïque qu'il ressemblait à un placard, avec ses compartiments et ses machines empilées les unes sur les autres. Au milieu, le vieillard semblait regarder un film sur un gros moniteur. Seule la partie supérieure de l'écran affichait une image. En bas, un texte en lettres vert fluo défilait sur un fond noir.

— C'est le professeur Zuzubin, chuchota Georges à l'oreille d'Annie. Il devrait être au LHC à la réunion de l'Ordre de la quête scientifique pour le bien de l'humanité.

— Qu'est-ce qu'il fait ? l'interrogea Annie, les nerfs à vif.

Zuzubin tapa sur le clavier, les mots reculèrent en bas de l'écran. Il appuya sur PLAY et le film recommença au début. On y voyait un homme qui ressemblait à une version plus jeune de Zuzubin, debout devant un auditorium plein à craquer, éclairé par un projecteur démodé.

— C'est la salle de conférences où ton père a parlé ! chuchota Georges. C'est Zuzubin qui s'adresse aux étudiants de Foxbridge !

— Il occupait le poste de papa, autrefois. Il était professeur de maths ici.

— Peut-être veut-il récupérer son ancien poste ? marmonna Georges, lugubre, car il n'aimait pas ce qui se déroulait sous ses yeux. Regardez dans le public ! On dirait Éric !

Sur le film, un jeune homme à l'épaisse tignasse noire, aux lunettes bancales et au sourire éclatant venait de se lever.

— C'est lui ! confirma Annie, les larmes aux yeux. Oh ! mon Dieu ! Qu'est-ce qu'il est jeune ! Il fait quoi ?

Le vieux Cosmos répondit à la question pour eux. Sa voix mécanique reprit les paroles articulées par Éric à l'écran :

— Professeur Zuzubin, j'ai démontré que votre théorie comportait un défaut.

Typique d'Éric : il croyait que sa remarque ferait plaisir à Zuzubin.

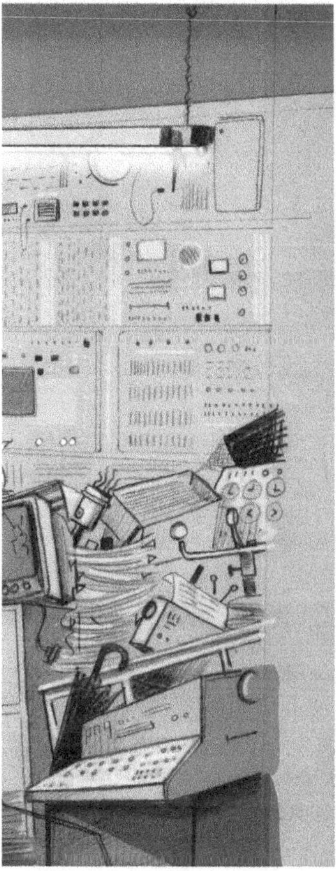

À l'image, le professeur continuait d'afficher un large sourire, sauf qu'il paraissait fixé à la colle extraforte sur son visage.

— J'ai démontré que le modèle d'Univers que vous proposez enfreint la condition faible sur l'énergie.

À l'écran, les narines de Zuzubin se dilatèrent ; la colère le tenaillait.

— Bellis, récita le vieux Cosmos tandis que le sous-titrage continuait de défiler, vos théories concernant le Big Bang sont intéressantes, mais impossibles à prouver.

— Je ne crois pas ! s'exclama le jeune Éric. Le fond diffus cosmologique récemment découvert fournit une preuve directe et favorable au modèle du

Big Bang. En outre, je crois fermement qu'un jour nous pourrons mettre en place une grande expérience qui montrera que les théories mathématiques que j'ai développées ici à Foxbridge avec mes collègues…

Il désigna avec modestie les personnes assises autour de lui.

— … sont compatibles avec la réalité.

Le Zuzubin en chair et en os appuya sur PAUSE et l'image se figea. Il tapa avec frénésie sur les boutons de commande du clavier. Un petit pinceau apparut à l'écran. Zuzubin fit bouger la souris reliée au vieux Cosmos, mais le pinceau balaya la totalité de l'écran sans modifier quoi que ce soit.

— Aaargh ! cracha le professeur. Pourquoi ça ne marche pas ? OK. Je vais essayer autre chose…

Il effaça tout le texte visible à l'écran et inséra les mots suivants à la place : *Pas exactement. Les propriétés de la particule zuzon sont la clef pour comprendre la relation entre les quatre forces et la création de la matière. Je prédis que toute expérience à l'échelle d'énergie que vous proposez se terminera par une dramatique explosion qui coûtera des vies humaines et prouvera que mes théories sur la nature des particules élémentaires et la dynamique de l'Univers sont correctes.*

Mais dès qu'il eut tapé son nouveau texte, le curseur recula et l'effaça pour le remplacer par l'ancien.

— Ce n'est pas un film ! murmura Georges. C'est le passé ! Il se sert de Cosmos pour se voir dans le passé en train de donner une conférence à Foxbridge ! Et il essaie de le changer. On dirait qu'il a transformé Cosmos en une sorte de Photoshop afin de modifier son discours de l'époque.

— Pourquoi ? voulut savoir Annie.

— Il veut faire croire qu'il avait prédit l'explosion du collisionneur, expliqua Georges. Il utilise Cosmos pour que ses théories d'autrefois soient bonnes et pas celles de ton père ! Du style : « Je vous l'avais bien dit ! »

Zuzubin était tellement concentré sur son escroquerie qu'il ne remarqua absolument pas la présence des enfants. Jusqu'à ce que le portable de Georges se mette à sonner et que la musique de *Star Wars* résonne dans toute la cave.

Georges ne perdit pas de temps : il déposa son téléphone par terre et le fit glisser vers Vincent avec un léger coup de pied. Celui-ci s'agenouilla pour le ramasser, raccrocha et le passa en mode silencieux.

## SINGULARITÉS

Une singularité est un point sur lequel les mathématiques utilisées par les physiciens ne fonctionnent pas bien du tout ! Un exemple : quand on approche du centre d'un trou noir – un type de singularité –, la courbure de l'espace-temps augmente jusqu'à l'infini et les règles normales des mathématiques ne s'appliquent pas en son centre exact : elles disent de diviser par zéro, alors que tout le monde sait que ce n'est pas permis !

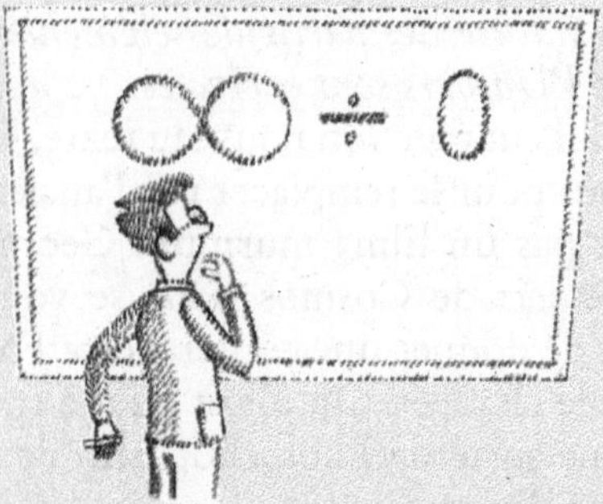


Parfois, un calcul physique émet une hypothèse qui s'avère fausse en un certain point, et une singularité apparaît. Une fois cela compris, le calcul peut être adapté, si bien que l'erreur est corrigée, les maths fonctionnent correctement et la singularité disparaît. Et voilà !

Comme il est très difficile de se débarrasser des singularités les plus intéressantes, il faut élaborer une nouvelle théorie. Prenons l'exemple des singularités du trou noir et du Big Bang, qui apparaissent dans les mathématiques de la relativité générale. Peut-être qu'une théorie avec des maths très différentes serait nécessaire pour comprendre ce qu'il se passe vraiment et pour obtenir des résultats sensés dans de tels endroits de l'Univers. Voilà une zone de recherche à explorer pour les scientifiques qui espèrent que la théorie du Tout nous débarrassera de ces singularités.

# SINGULARITÉS

***Le Big Bang***

La courbure de l'espace-temps devient **infinie**.

La densité de la matière devient **infinie**.

La température devient **infinie**.

L'espace contenant tout ce que nous voyons autour de nous dans l'Univers atteint la taille 0.

Et tous les chemins remontant le temps… se terminent.

Cette singularité est également appelée la « singularité initiale » parce qu'elle se situe au début du temps.

Trop tard : Zuzubin avait entendu. Il se retourna, les chercha du regard puis sourit quand il vit deux paires d'yeux au milieu de la montagne de bric-à-brac soigneusement arrangée de façon à dissimuler le superordinateur.

— Ah ! Georges ! Et qui voilà ! Ma jeune amie Annie ! Approchez, mes chers enfants. Viens, Annie. Dire que je te faisais sauter sur mes genoux quand tu étais bébé. Approchez, vous n'avez rien à craindre.

Les deux amis n'avaient pas le choix. Tandis qu'ils s'avançaient, Vincent resta accroupi parmi les vieux meubles. Comme Zuzubin ne l'avait pas remarqué, il décida de ne pas révéler sa présence. Peut-être pourrait-il aider Georges et Annie en cas de problème. Vincent n'avait pas saisi tous les propos du vieil homme mais il était clair qu'une personne mettant tout en œuvre pour changer les événements du passé afin de se justifier ne méritait pas sa confiance.

— Annie, roucoula Zuzubin. Comme tu as grandi, jeune fille ! Quel plaisir de te rencontrer à nouveau ! Mais vous avez l'air inquiet, les enfants. Qu'est-ce qui vous préoccupe autant ? Que peut faire le professeur Zuzubin pour vous ? Dites-moi. Vous pouvez vous confier à moi, mes chérubins...

Georges pinça Annie pour l'empêcher de parler, mais cela ne suffit pas. Annie était si désespérée qu'elle était prête à croire quiconque lui proposerait de l'aide.

— Professeur Zuzubin…, commença-t-elle, la voix chevrotante.

Le vieil homme tendit discrètement la main derrière lui et éteignit le moniteur du vieux Cosmos.

— Nous devons nous rendre au Grand Collisionneur de hadrons, continua Annie. Quelque chose de terrible va se produire là-bas. Nous devons sauver mon père ! Nous aimerions que vous nous envoyiez au LHC avec l'aide du vieux Cosmos. Grâce à lui, nous arriverons à temps pour désamorcer la bombe.

Zuzubin fit semblant de s'inquiéter.

— Ton père a des ennuis ? Une bombe ? Le LHC ? Non, je ne te crois pas ! Pas Éric, tu dois te tromper…

Il lança un regard suspicieux à Georges quand ce dernier chuchota à Annie :

— Tais-toi…

— Non, continue, je t'en prie, insista Zuzubin. Éric était mon élève préféré, il est la fierté de ma vie. S'il a besoin de mon aide, ce sera un honneur et un privilège pour moi d'intervenir.

Il s'inclina bien bas pour appuyer ses paroles.

Annie se tourna alors vers Georges.

— Nous n'avons pas le choix. À qui d'autre pourrions-nous demander ?

— Ainsi, vous voulez vous rendre au collisionneur ? glissa Zuzubin. Ce n'est pas un problème ! Vous pouvez être là-bas en moins d'une seconde.

Il tapa quelques informations sur le clavier et désigna une porte dans le grand ordinateur.

— Quand j'ouvrirai cette porte, ronronna-t-il, Cosmos vous conduira directement à destination. Annie, tu seras l'héroïne du jour. Une fois sur place, tu

résoudras tous les problèmes et tout rentrera dans l'ordre.

Les yeux d'Annie pétillaient. Pour une fois, ce serait elle, le héros, celle qui ferait la différence, celle qui sauverait la mise. Ce ne serait ni son père, ni sa mère, ni Georges, mais elle !

— Envoyez-moi en Suisse, décréta-t-elle.

— Oh ! mais tu ne peux pas voyager seule, remarqua Zuzubin tout en secouant la tête. Ton ami ici présent devra t'accompagner. Vous partez tous les deux ou je ne demande pas à Cosmos de vous ouvrir.

— Annie ! grogna Georges, qui ne cessait de tirer sur son tee-shirt. Non ! Cela n'a aucun sens !

— Je m'en moque ! déclara Annie. Professeur Zuzubin, ouvrez ce passage maintenant.

Elle se tourna et lança un regard furieux à Georges.

— Au collisionneur !

— Et nos combinaisons spatiales ? protesta Georges. On ne peut pas partir sans elles !

— Vous n'allez pas dans l'espace, lui rappela Zuzubin de sa voix doucereuse. Pourquoi en auriez-vous besoin ? Ce n'est rien qu'un petit saut entre un pays et un autre. Vous passez par le portail qui est ici...

Il avait la main sur la poignée de la porte.

— ... et vous émergez presque instantanément à destination. Promis ! Je vous le jure sur le Serment en tant que membre de l'Ordre de la quête scientifique pour le bien de l'humanité.

— Tu vois ? râla Annie. Il a juré sur le Serment – celui que tu as répété, comme moi, papa et tous ses amis scientifiques. Il ne mentirait pas.

— Certainement pas, assura Zuzubin sur un ton grave. Maintenant, Annie, écoute-moi bien. Tu es une héroïne… Tu vas voyager par le portail… Tu vas sauver la mise à ton papa.

Sa voix avait quelque chose d'hypnotique. Annie clignait des yeux ; sa tête dodelinait dangereusement…

Georges regarda sa montre. Il était déjà 18 heures à Foxbridge, c'est-à-dire 19 heures en Suisse, soit trente petites minutes avant que la bombe n'explose, emportant la grande expérience, Éric et les meilleurs scientifiques du monde avec elle. Sentant que Georges faiblissait, Zuzubin fit un clin d'œil à Annie et ouvrit la porte. Au-delà, ils ne virent qu'une étendue obscure.

— Avancez, ordonna le professeur avec insistance. Avancez, chers enfants. Zuzubin vous protège. Vous êtes en sécurité… en sécurité… chers petits enfants adorés…

En transe, Annie fit un pas en avant, telle une somnambule, et disparut au-delà de l'encadrement en une poignée de secondes.

Bien qu'il ignorât sa destination, Georges ne pouvait pas la laisser partir seule. Et si, par miracle, elle se retrouvait au collisionneur, elle ne serait pas capable de désamorcer la bombe à mécanique quantique, parce qu'elle n'avait pas le code, tout simplement. Georges se précipita donc à sa suite.

Comme le Cosmos originel – le tout premier superordinateur au monde – était différent du nouveau Cosmos, un petit ordinateur portable élégant, bavard, qu'ils avaient appris à connaître et à aimer ! Avec le vieux Cosmos, il avait l'impression de barrer un énorme paquebot de croisière au lieu de son habituel petit hors-bord impétueux.

Prenant son courage à deux mains, il franchit le seuil de ce portail pour un monde inconnu de découvertes et d'aventures. L'obscurité l'avala tout entier.

# Chapitre 16

Depuis sa cachette, Vincent avait observé tout ce qu'il s'était passé.

Dès que Zuzubin avait ouvert le portail sensé mener Annie auprès de son père, Vincent avait su que les dés étaient jetés. Il s'était préparé à bondir entre les meubles. Mais, comme toujours avant d'utiliser ses talents de karatéka, il avait récité le credo du karaté dans sa tête :

*« Je viens vers toi avec seulement le karaté, les mains vides. Je n'ai pas d'armes, mais si je suis obligé de me défendre, moi, mes principes ou mon honneur, qu'il s'agisse d'une question de vie ou de mort, de bien ou de mal, alors voici mes armes, le karaté, mes mains vides. »*

Et quand Vincent avait levé les yeux, Georges et Annie avaient disparu. Il ne restait que le vieux Zuzubin devant le grand ordinateur silencieux, en train de rire et de rire encore jusqu'à ce que des larmes coulent sur ses joues ridées. Il dut même sortir un mouchoir blanc parfaitement repassé pour les essuyer. Lorsque enfin il cessa de rire, il ralluma le moniteur, mais, cette fois-ci, il changea de chaîne.

Que mijotait le vieillard ? À l'écran, Vincent distingua deux petites silhouettes se déplaçant dans une pièce. Il s'approcha aussi discrètement que possible. Au même moment, Zuzubin s'empara d'un microphone démodé et parla dedans.

— Georges et Annie…

De l'autre côté de la porte du vieux Cosmos, Georges et Annie se trouvaient dans l'obscurité la plus complète. Derrière eux, la porte se referma dans un cliquetis. Ils n'avaient absolument aucune idée de l'endroit où ils avaient atterri, jusqu'à ce qu'une lumière

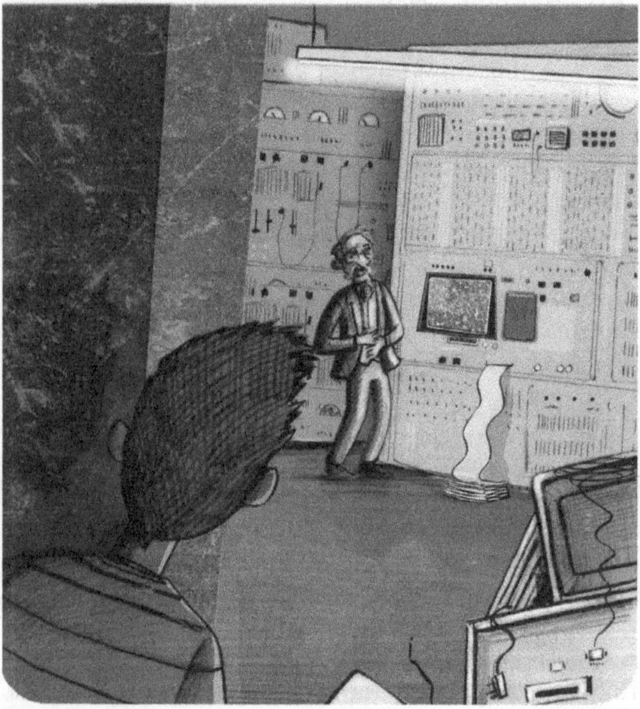

s'allume et éclaire leur environnement. Pendant une seconde, ils restèrent figés de surprise. D'habitude, avec leur Cosmos, ils émergeaient dans des conditions gravitationnelles différentes : ils s'envolaient dans l'atmosphère d'une étrange planète ou étaient aplatis sur sa surface. Lors de leurs voyages précédents, ils avaient côtoyé des lacs de méthane noir, des volcans qui entraient en éruption et crachaient de la lave gluante et lente, des tempêtes de sable capables d'engloutir des planètes entières… Ils avaient vu un lever de deux soleils dans le ciel, été témoins du destin en accéléré d'un trou noir en train d'exploser. Mais jamais ils n'étaient allés dans un endroit tel que celui-ci.

Ce n'était qu'une pièce banale, et pourtant elle leur donnait la chair de poule. Carrée, d'une hauteur normale, elle comprenait un canapé et deux fauteuils apparemment confortables, un poste de télévision, un tapis

à motifs sur le sol, des étagères remplies de centaines de livres reliés rangés par ordre alphabétique.

Sur l'un des fauteuils, un chat s'étira et ronronna. Annie se rendit directement vers les rideaux fermés et les ouvrit en grand. La fenêtre donnait sur une chaîne de montagnes couvertes de neige, des sapins noirs sur les collines en contrebas et un ciel bleu au-dessus des pics. Des nuages gris s'accumulaient au-delà des monts les plus lointains.

— Où sommes-nous ? demanda-t-elle.

— Je l'ignore. Mais ce n'est pas le Grand Collisionneur de hadrons.

Tous deux sentaient que quelque chose ne tournait pas rond dans cette histoire.

— Ce sont les Alpes qu'on voit par la fenêtre ? interrogea Annie, pleine d'espoir. Si on ouvrait la porte ? Peut-être que le LHC n'est pas loin ?

Ils examinèrent la porte qu'ils venaient de passer.

— Ne va-t-elle pas plutôt nous ramener à Foxbridge ? suggéra Georges. Nous avons besoin d'une autre porte pour sortir de cet endroit, où qu'il soit, non ?

Au même instant, la vieille télé s'alluma toute seule. Des flashes noirs et blancs crépitèrent à l'écran. Bientôt, malgré l'image floue, ils ne manquèrent pas de reconnaître la voix qui s'adressait à eux :

— Georges et Annie...

— C'est Zuzubin ! hurla Annie.

Ils le voyaient à la perfection à présent, au milieu du capharnaüm monumental. Toutes les pièces du puzzle s'assemblèrent dans l'esprit de Georges : les voix qu'ils avaient entendues dans la cave, les lunettes jaunes que portait Zuzubin à la conférence, les phrases venimeuses prononcées à la radio, l'utilisation secrète du vieux Cosmos dans le sous-sol...

— C'était vous depuis le début ! s'écria Georges. Vous avez voyagé aux quatre coins de l'Univers et abandonné des objets dans les trous noirs. Vous avez inventé de toutes pièces la théorie du vrai vide pour effrayer les gens ordinaires et les pousser à rejoindre les Barges ! Vous étiez la taupe qui a trahi l'Ordre. Vous avez organisé cette réunion ce soir dans le dessein de rassembler les meilleurs physiciens en un seul lieu et de tous les éliminer d'un seul coup, de sorte qu'il ne reste que vous. Vous voulez changer le passé pour faire croire au monde que vous aviez raison, que vos théories – tombées aux oubliettes depuis longtemps – prédisaient l'explosion du Grand Collisionneur de hadrons.

— Et..., ajouta Zuzubin sur un ton horripilant, j'ai réussi ! Dans très peu de temps, le collisionneur explosera effectivement et le monde réalisera qu'il n'aurait pas dû oublier le grand scientifique que je suis. On aura l'impression que j'ai toujours eu raison. Comme il n'y aura pas d'autre physicien pour me contredire, j'aurai gagné ! Ha ha ha ! J'ai gagné !

— Non, vous avez perdu ! répliqua Georges à la télé. Je n'appelle pas ça « gagner ». Vous êtes le plus grand loser de tous les temps !

Annie l'interrompit.

— Où sommes-nous ? interrogea-t-elle, le visage à quelques millimètres de l'écran. Vous nous avez promis que nous arriverions sans encombre au LHC. Vous avez juré sur le Serment.

— Non, non, non, très chère. Si tu m'avais bien écouté et n'avais pas cédé à ta fâcheuse habitude de tirer des conclusions trop hâtives, tu n'aurais pas déformé mes propos. J'ai dit que tu arriverais sans encombre « à destination » et j'ai tenu ma promesse. Par contre, je n'ai jamais mentionné quelle destination !

Annie courut jusqu'à la porte.

— Attends ! lui cria Georges. N'ouvre pas cette porte ! Nous ne savons pas ce que nous allons trouver derrière.

— Exactement, confirma Zuzubin. Vous vous trouvez, mes adorables petits amis, dans le piège de Schrödinger inversé. C'était tellement facile ! Vous avez foncé dans la gueule du loup !

— Qu'est-ce que cela signifie ? demanda Annie, perplexe.

— Cela signifie, enchaîna Georges avec un gros soupir, que nous saurons où nous sommes quand nous ouvrirons la porte. On peut se trouver n'importe où, mais jamais on ne le saura si la porte demeure fermée.

— Excellent, non ? se félicita Zuzubin. Tant que la porte est fermée, je vous offre un nombre infini de lieux. Permettez-moi de vous en montrer quelques-uns…

Derrière la fenêtre, le paysage se transforma en une scène d'une blancheur éblouissante, légèrement teintée de jaune. Annie et Georges reculèrent en même temps.

— Peut-être êtes-vous au centre de la planète Terre, prisonniers dans le cœur cristallin du noyau interne ? Auquel cas, vous êtes au centre d'une boule de fer solide à peu près aussi chaude que la surface du Soleil.

La pression est 3,5 millions de fois plus forte qu'à la surface de la planète. Ouvrez la porte, je vous en prie. Je suis très curieux de voir ce qu'il se passera : frirez-vous ou serez-vous écrasés ? Je lance les paris !

Horrifié, Georges demeura bouche bée.

— On a perdu sa langue ? Cela nous change ! Bien, je peux continuer ma leçon de géologie, alors ! Autour de cette boule de fer, on trouve un noyau externe de fer liquide qui – cette information peut vous intéresser – est très, très chaud. Ensuite, on a un manteau rocheux laissant passer de la lave volcanique de temps à autre. Même si vous parvenez jusque-là, votre sang aura bouilli dans vos veines, vu que la chaleur est encore très intense à cette profondeur. Mais ce n'est pas terminé ! Pour remonter à la surface, il vous faudra creuser 40 kilomètres de croûte rocheuse. Il se pourrait aussi qu'après une poignée de kilomètres vous transperciez le fond de l'océan.

Il tapa dans ses mains.

— Oh, mes enfants ! Quelle aventure ! Regardons ensemble ce qui vous attend.

De stupeur, Annie s'assit sur le chat, qui poussa un miaulement indigné et se tortilla sous elle pour s'extraire. Il alla s'installer sur le canapé, où il lança à la jeune fille des regards assassins tout en se léchant les pattes.

L'image à la fenêtre changea à nouveau. Cette fois-ci, ils se retrouvèrent sous l'eau, dans une fosse si profonde que les rayons du soleil ne l'éclairaient jamais. Grâce à la lumière de la pièce, ils perçurent des récifs coralliens irréguliers et un panache de fumée noire émergeant d'un trou dans le sol.

— Disons que vous êtes au fond du Pacifique, dans une source d'eau chaude, gloussa Zuzubin, où d'étranges formes de vie préhistoriques évoluent, loin du regard des hommes, capables de survivre grâce aux minéraux expulsés par le noyau même de la Terre.

Un ver énorme, plus grand que Georges ou Annie, nagea droit sur la vitre. Il se cogna contre elle et son long corps blafard glissa dans un bruit sinistre. Le ver recula, surpris.

— Ouille ! Il ne vous a pas vus, s'exclama Zuzubin. Pas étonnant : il n'a pas d'yeux. C'est un tubicole géant. Quelle créature charmante, n'est-ce pas ? Allez faire quelques brasses avec lui, si cela vous chante. Il est très gentil. Mais je crains que ce ne soit pas possible : vous serez ébouillantés vivants dans les cheminées hydrothermales. Si vous ne vous noyez pas avant, bien sûr !

Georges s'assit à côté d'Annie et la serra contre lui. Elle tremblait comme une feuille.

— Ne regarde pas. Il essaie de nous effrayer. Sois plus forte que lui.

Mais Georges, lui, ne pouvait s'empêcher de regarder l'horrible tableau à l'extérieur.

— Oh ! Mon idée de promenade ne vous plaît pas…, soupira Zuzubin.

Une nouvelle fois, l'image changea à la fenêtre. Des kilomètres carrés de floe apparurent. Le bloc de glace s'étendait à perte de vue.

— Si je comprends bien, vous n'aimez pas la chaleur. Essayons un lieu différent. Ceci est peut-être le pôle Sud, au milieu de l'hiver antarctique.

Des vents violents frappaient la fenêtre. Au loin, des pingouins inclinaient la tête face aux courants d'air glaciaux.

— Comme vous l'avez compris, mes chers enfants, poursuivit Zuzubin, savourant d'avoir captivé son public, un nombre infini de possibilités s'offre à vous derrière cette porte. Peut-être avez-vous été rétrécis à une taille quantique ? Vous aurez la chance de découvrir la vie d'un quark !

— Impossible ! s'écria Georges.

— Oh ! Vraiment ? Tu n'aimerais pas être confiné avec trois quarks, une myriade de paires quark-antiquark et des gluons grouillant à l'intérieur d'un proton ? Il est vrai qu'une fois que tu serais piégé à l'intérieur, la

probabilité que tu t'évades serait infime. Personne n'a jamais vu un quark à l'extérieur d'un hadron, Georges. Ce serait une première…

— Vous racontez n'importe quoi ! insista Georges.

— À vous de le découvrir ! Les expériences constituent une partie fondamentale de la science et j'ai hâte de voir le résultat quand vous essaierez de me prouver que j'ai tort.

— Taisez-vous ! hurla Annie. Je veux sortir d'ici !

— Mais je t'en prie, susurra Zuzubin. Je ne te retiens pas. Il te suffit d'ouvrir la porte.

Si nous l'ouvrons, nous mourrons, déclara Annie.

— Probablement…

— Cela signifie que nous sommes pris au piège, conclut Georges. Dans cette pièce… À tout jamais.

— J'ai pensé à vous : j'ai prévu tout un tas de lectures. Vous trouverez les œuvres majeures sur les étagères, et le frigo est plein.

Annie bondit sur ses pieds et ouvrit le réfrigérateur, comme s'il contenait la clef de leurs problèmes. Mais il n'y avait qu'une boîte de céréales pour le petit déjeuner, cinq grosses barres chocolatées et une bouteille de lait marquée CHAT.

— Des corn flakes et du chocolat ! s'exclama Annie d'un ton dégoûté.

— Le régime parfait, vous ne pensez pas ? Je vous aurais bien demandé vos préférences, mais je n'avais pas le temps.

## L'INCERTITUDE ET LE CHAT DE SCHRÖDINGER

Le monde quantique est celui des atomes et des particules subatomiques. Le monde classique est celui des hommes et des planètes. Deux mondes apparemment très différents...

| C | Q |
| --- | --- |
| **Classique** : Nous savons à la fois où se trouve quelque chose et à quelle vitesse cette chose se déplace. | **Quantique** : Nous ignorons ces deux faits : c'est le principe d'incertitude d'Heisenberg. |
| **Classique** : Une balle voyageant de A à B suit un chemin défini. S'il y a un mur percé de deux trous sur son passage, la balle traverse soit un trou soit l'autre. | **Quantique** : Une particule emprunte tous les chemins de A à B, y compris les chemins traversant les différents trous. Tous les chemins s'additionnent pour produire une fonction d'onde qui part de A en oscillant. |
| **Classique** : Nous savons que la balle se rend à B et nulle part ailleurs. | **Quantique** : La particule peut arriver à n'importe quel endroit atteint par la fonction d'onde. Nous ne découvrons son emplacement qu'au moment de l'observation. |
| **Classique** : De petites observations n'affectent pas le mouvement de la balle. | **Quantique** : Les observations changent complètement la fonction d'onde : si nous observons une particule à C, la fonction d'onde s'effondre pour se retrouver complètement à C puis part à nouveau en oscillant. |

***Un chat dans une boîte!***

Même les chats (classiques!) sont faits d'atomes (quantiques!). Erwin Schrödinger a imaginé ce que cela pouvait signifier pour un chat. Ne faites pas l'expérience avec votre petit animal de compagnie, Schrödinger ne l'a pas fait non plus!

Il a imaginé qu'il enfermait un chat dans une boîte (insonorisée et étanche à la lumière) avec du poison, un détecteur de radiations et une petite quantité de matériau radioactif. Quand le détecteur sonne (parce qu'un atome produit une radiation), le poison est aussitôt libéré dans l'air. Au bout de quelque temps dans la boîte, le chat est-il encore vivant? Les atomes de la boîte, y compris ceux du chat, empruntent tous les chemins possibles: dans certains, la radiation est produite et le poison libéré, mais dans d'autres non. C'est au moment où nous faisons une observation en ouvrant la boîte que nous découvrons si le chat a survécu. Avant, le chat n'est ni mort ni vivant, mais il est une combinaison des deux! Bizarre!

Georges eut soudain une illumination.

— Nous sommes chez vous, n'est-ce pas ? C'est ici que vous vivez quand vous choisissez de vous cacher, de disparaître...

— L'endroit est tranquille, admit Zuzubin. J'aime beaucoup venir y réfléchir.

— J'en conclus qu'il y a une sortie ! déclara Georges, le doigt pointé vers l'écran de télé. Vous retournez souvent à Foxbridge, nous pouvons donc faire de même. Vous ne venez pas ici pour ensuite ouvrir la porte au petit bonheur la chance. Je parie que c'est un lieu de transition pour vous rendre au LHC et où bon vous semble. Voilà comment vous voyagez !

— Bien entendu ! Grâce à la télécommande, j'oblige le portail à sélectionner une destination bien définie. Quand j'ouvre la porte, je sais où j'atterris.

— La télécommande ! tonitrua Georges. Annie ! La voilà, la solution !

— Vous pouvez chercher tant que vous voulez, ironisa Zuzubin.

Lorsqu'il agita un objet devant l'écran, Georges s'effondra, dépité.

— Vous comptez nous garder ici alors que mon père risque de mourir dans une explosion ? demanda Annie, qui avait perdu tout espoir.

— Exactement. Ça te plairait d'assister au spectacle ? Je peux le programmer sur votre télévision, si ça te dit. J'aime faire plaisir à mes invités.

— Noooonnn ! hurla Annie.

En entendant l'accent de douleur dans sa voix, Vincent sut, à Foxbridge, que le moment était venu d'agir.

# Chapitre 17

Depuis un moment, Vincent rôdait derrière le professeur dans l'espoir qu'il lui donne un indice sur la manière de sortir Georges et Annie de ce traquenard. Il pouvait facilement mettre le vieillard hors d'état de nuire, mais à quoi bon ? Si Zuzubin ne lui communiquait pas un moyen d'extraire ses amis de la pièce bizarre qu'il voyait à l'écran, ils risquaient de rester coincés à tout jamais, et les ennuis ne feraient que commencer.

Vincent jeta un coup d'œil au téléphone portable de Georges qu'il avait ramassé par terre et remarqua un appel en absence de ses parents. C'est à cet instant qu'Annie poussa le hurlement de douleur qui le décida à passer à l'action.

Les poings serrés, il bondit en lançant un long cri de guerre. Il vola dans les airs et atterrit pile derrière Zuzubin. Il lui donna du tranchant de la main un coup rapide et efficace au niveau de la nuque. Surpris, le professeur se tourna à moitié avant de s'effondrer tel un arbre plusieurs fois centenaire. Ses yeux roulèrent dans leurs orbites tandis qu'il tombait inanimé sur le sol.

À l'écran, Annie et Georges le regardaient avec un air ahuri.

— Vincent ! s'égosilla Annie qui couvrit la télévision de baisers.

Georges la tira en arrière.

— Vincent, c'était incroyable, le complimenta-t-il.

— Tu es le meilleur ! enchérit Annie.

Georges la poussa de côté.

— Bien joué, Vincent. Mais comment on va sortir de là, maintenant ?

— Appelle mon père ! lui cria Annie en arrière-plan. Dis-lui pour la bombe au LHC !

Vincent chercha le numéro d'Éric dans le répertoire de Georges, appuya sur le bouton vert et attendit. Malheureusement, il tomba sur la voix électronique de la messagerie lui indiquant que l'appareil était éteint et lui demandant de rappeler ultérieurement.

— La télécommande ! s'époumona Georges. Prends-la-lui des mains !

Vincent examina le corps couché face contre terre, avec son costume en tweed et sa moustache tombant sur le côté. Il lui desserra les doigts et s'empara de l'objet tant convoité. Il le montra à Georges.

— C'est ça ? demanda Vincent.

— Super ! s'exclama Georges. Maintenant, tu peux nous sortir de là ?

— Euh… j'aimerais bien, mais comment ça marche ?

— Aïe ! Je n'y avais pas pensé. Je n'en sais rien.

— Et si tu l'examinais de plus près ? suggéra Vincent en approchant la télécommande le plus possible de l'écran.

— Ça ne sert à rien ! grogna Georges, frustré. L'image n'est pas assez nette. On a de moins en moins de temps…

— Appelle le LHC, proposa Annie. Dis-leur qu'il y a une bombe.

— Oublie, l'interrompit Georges. Ils ne le croiront jamais. Je ne vois qu'une seule solution : aller là-bas et désamorcer la bombe nous-mêmes.

De son côté, Vincent étudiait la télécommande.

— Quand j'appuie sur la touche INPUT sur notre télécommande à la maison, j'ai le choix entre plusieurs fonctions. C'est exactement ce qu'il nous faut dans ce piège de Schrödinger inversé. J'essaie ?

— Bien obligé ! répondit Georges. C'est notre seul espoir.

Vincent prit une profonde inspiration et appuya sur

la touche dite. Rien ne se passa. Il appuya une deuxième fois et une liste apparut alors sur l'écran de Cosmos. La même liste d'options s'afficha sur l'écran de télévision, à l'intérieur du piège de Schrödinger. Il lut les premières à voix haute: Foxbridge, LHC…

— Les lieux où Zuzubin s'est rendu ! Si nous choisissons le collisionneur, peut-être atterrirons-nous à l'endroit pile où il a posé la bombe ? Vincent, sers-toi des flèches pour sélectionner le LHC. Vite !

— Tu es sûr ? bredouilla Vincent.

Quand il s'agissait de prendre des risques au karaté ou avec son skateboard, il ne connaissait pas la peur. Mais envoyer ses amis vers un danger certain le terrifiait.

— Je ne peux pas… Nous savons tous les trois qu'il y a une bombe au LHC.

Annie poussa Georges à son tour pour se placer devant l'écran.

— Fais-le, Vincent, exigea-t-elle. Nous devons absolument y aller. Sinon, mon père ne reviendra jamais à la maison, c'est ce que Rex a dit. Plus vite tu le feras, plus nous aurons de temps pour trouver l'engin et le désamorcer. Appuie sur cette touche, Vincent, et nous pourrons ouvrir la porte. Envoie-nous en Suisse.

Vincent poussa un soupir déchirant, puis fit bouger les flèches. Le curseur s'arrêta sur les lettres « LHC » surlignées.

Aussitôt, Georges ouvrit la porte…

La dernière image que vit Vincent sur le moniteur du vieux Cosmos fut celle de ses amis, de dos, qui disparaissaient par le portail. Avait-il fait fonctionner l'ordinateur correctement ? Arriveraient-ils sains et saufs au LHC ? Aurait-il dû les obliger à revenir à Foxbridge ? Et s'il avait appuyé sur le mauvais bouton et leur avait ouvert un passage exotique – un trou de ver, par exemple – pour voyager ? Et s'il les avait envoyés dans le passé de manière accidentelle ?

Vincent s'assit doucement par terre et attendit, la tête dans les mains, pendant que Zuzubin, l'auteur de tous ces malheurs, ronflait à côté de lui.

## TROUS DE VER ET VOYAGES DANS LE TEMPS

Imaginez que vous êtes une fourmi et que vous vivez à la surface d'une pomme. La pomme pend au plafond par un fil si fin que vous ne pouvez pas l'escalader. La pomme est donc votre seul univers. Vous ne pouvez aller nulle part ailleurs. Maintenant, imaginez qu'un ver a creusé un trou dans la pomme, si bien que vous avez deux routes possibles pour la traverser : la surface (votre univers) ou un raccourci, le trou de ver.

Notre Univers peut-il être comme cette pomme ? Y aurait-il des trous de ver qui relieraient un endroit de notre Univers à un autre ? Si tel était le cas, quelle apparence auraient ces trous de ver ?

Ils auraient deux entrées, une à chaque extrémité. Une entrée se trouverait par exemple au palais de Buckingham à Londres et l'autre sur une plage de Californie. Les entrées seraient sphériques. Lorsque vous regarderiez dans l'entrée anglaise (un peu comme dans une boule de cristal), vous verriez la plage américaine, ses vagues qui clapotent, ses palmiers qui ondulent. Quand il regarderait dans l'entrée californienne, votre ami vous verrait à Londres, devant un palais et des gardes. Contrairement aux boules de cristal, les entrées ne seraient pas solides. Vous pourriez pénétrer dans la grosse entrée sphérique de Londres, puis, après un bref flottement à travers une sorte d'étrange tunnel, vous arriveriez en Californie et passeriez la journée à surfer avec votre ami. Ne serait-ce pas merveilleux de posséder de tels trous de ver ?

L'intérieur de la pomme a trois dimensions (est-ouest, nord-sud, haut-bas), tandis que sa surface n'en a que deux. Le trou de ver de la pomme connecte des points sur la surface bidimensionnelle en pénétrant dans l'intérieur tridimensionnel. De même, votre trou de ver relie Londres à la Californie dans notre Univers tridimensionnel en pénétrant dans un hyperespace à quatre dimensions (voire plus) qui ne fait pas partie de notre Univers.

Notre Univers est régi par les lois de la physique. Ces lois dictent ce qui peut se produire dans notre Univers et ce qui ne peut pas. Ces lois autorisent-elles l'existence des trous de ver ? Cela va vous étonner, mais la réponse est oui !

Malheureusement, toujours selon ces lois, la plupart des trous de ver imploseront – les parois de leur tunnel s'effondreront – si vite que rien ni personne ne pourra les emprunter ni y survivre. Afin d'éviter cette implosion, nous devons insérer dans le trou de ver une forme bizarre de matière : une matière dotée d'une énergie négative qui produit une sorte de force antigravitationnelle susceptible de maintenir le trou ouvert.

Une telle matière à énergie négative existe-t-elle ? La réponse est encore oui ! Et elle est fabriquée tous les jours dans les laboratoires de physique, en petite quantité ou pendant un court instant. On emprunte de l'énergie à une région de l'espace qui n'en a pas, ce qui revient à emprunter de l'énergie au « vide ». Toutefois, ce qui est emprunté doit être rendu très vite, surtout quand le prêteur est le vide, à moins que la quantité prise soit infime. Comment le savons-nous ? En examinant de très près les lois de la physique, à l'aide des mathématiques.

Supposez que vous êtes un grand ingénieur et que vous voulez garder un trou de ver ouvert. Est-il possible de rassembler assez d'énergie négative à l'intérieur d'un trou de ver et de la conserver là assez longtemps pour permettre à vos amis de le traverser ? À mon avis, non, mais personne sur Terre n'en est sûr... pour l'instant ! Nous n'avons pas été assez intelligents pour le découvrir.

Si les lois ne permettent pas que les trous de ver restent ouverts, se produisent-ils naturellement dans notre Univers ? Probablement pas. Il faudrait qu'ils soient fabriqués et maintenus ouverts de manière artificielle par des ingénieurs.

En ce XXIe siècle, les hommes sont-ils loin d'un tel exploit ? Oui, très, très loin. La technologie des trous de ver, si elle est possible, est peut-être aussi difficile pour nous que le vol spatial l'était pour l'homme des cavernes. Par contre, pour une civilisation très avancée qui maîtriserait la technologie des trous de ver, ce serait merveilleux : le moyen de transport idéal pour un voyageur interstellaire !

Imaginez que vous êtes ingénieur dans une telle civilisation. Mettez une entrée de trou de ver (une des sphères en forme de boule de cristal) dans un vaisseau spatial et transportez-la à travers l'Univers à très grande vitesse avant de la ramener sur votre planète mère. Les lois de la physique nous indiquent que ce voyage prendrait quelques jours vus, sentis et mesurés dans le vaisseau, mais plusieurs années vues, senties et mesurées sur la planète. Ce résultat est étrange : si vous pénétrez maintenant dans l'entrée du voyage dans le temps, traversez le trou de ver en forme de tunnel et ressortez par l'autre entrée restée à la maison, vous reculerez de plusieurs années. Le trou de ver est devenu une machine à voyager dans le passé !

Avec un tel engin, on pourrait essayer de changer l'histoire : on reviendrait en arrière, on rencontrerait son *alter ego* plus jeune un certain jour et on lui dirait de rester à la maison pour éviter d'être renversé par un camion.

Stephen Hawking a supposé que les lois de la physique nous empêchaient de fabriquer une machine à voyager dans le temps et de changer par conséquent le cours de l'histoire. Comme le mot « chronologie » signifie le « rangement des événements ou des dates dans l'ordre de leur occurrence », on a appelé cette théorie la « conjecture de protection chronologique ». Nous ignorons si Stephen a raison ou tort. Par contre, nous connaissons deux façons dont les lois de la physique

pourraient nous empêcher de fabriquer les machines à voyager dans le temps et protéger ainsi la chronologie.

*Primo*, les lois empêcheraient les ingénieurs les plus doués de recueillir assez d'énergie négative pour garder un trou de ver ouvert et nous laisser traverser. Chose remarquable, Stephen a prouvé (en se servant des lois de la physique) que toutes les machines à voyager dans le temps avaient besoin d'énergie négative. Par conséquent, il est illusoire de construire la moindre machine, et pas seulement celles qui utiliseraient des trous de ver.

## LES TOUTES DERNIÈRES THÉORIES…

*Secundo*, mes collègues physiciens et moi avons montré que les machines à voyager dans le temps risquaient de s'autodétruire, peut-être par une explosion gigantesque au moment où on les allumerait. Les lois de la physique donnent clairement à penser qu'on aboutirait à une telle issue. Mais nous ne comprenons pas encore assez bien les lois et leurs prédictions pour en être totalement sûrs.

Ainsi, le verdict final n'est pas clair. Nous ne savons pas exactement si les lois de la physique permettront à des civilisations très avancées de construire des trous de ver pour effectuer des voyages interstellaires ou des machines à remonter le temps. Pour cela, il faudrait acquérir une meilleure compréhension de ces lois. Stephen, les autres scientifiques et moi-même ne l'avons pas encore atteinte.

Voici un défi pour vous, la prochaine génération de scientifiques !

*Kip*

# Chapitre 18

Dans les quartiers secrets des Barges, les leaders du mouvement étaient scotchés devant l'écran de télévision qui leur donnait une vue imprenable sur la salle de contrôle du Grand Collisionneur de hadrons.

— Vous ne manquerez pas d'apprécier le spectacle, annonça l'un d'eux à Rex qui avait insisté pour les rejoindre.

Il gardait une expression impénétrable, de peur que les Barges ne réalisent qu'il avait trahi leur confiance et parlé de leurs plans à des tiers.

— Vous verrez enfin votre vieil ennemi Éric Bellis disparaître à tout jamais. Et, cerise sur le gâteau, quand le collisionneur aura implosé, le public conclura qu'en effet l'expérience était trop dangereuse et qu'il n'avait cessé de mentir sur les risques encourus.

Rex se força à rire.

— Ha ha ! Voilà qui est fascinant !

Il espérait envers et contre tout que son escapade dans l'espace afin de rencontrer Georges sur un astéroïde lointain porterait ses fruits et que le jeune homme arriverait à déjouer leurs plans machiavéliques.

Les minutes s'écoulaient doucement. La réunion au collisionneur était prévue à 19 h 30 et il était déjà 19 h 15. La salle de contrôle se remplissait de scientifiques. Il n'y avait pas plus sûr et confidentiel que cette salle. Bien que située sous terre, comme les tunnels des accélérateurs et les cavités des détecteurs, cette partie n'était pas scellée, vu qu'un mur très épais protégeait les savants de l'expérience en cours.

La salle était aussi sûre que privée. Du moins les membres de l'Ordre de la quête scientifique pour le bien de l'humanité le croyaient-ils. Ignorant que des espions y avaient dissimulé une caméra, ils ne pensaient pas être vus ou entendus. En vérité, chaque mot et chaque geste étaient étudiés à l'extérieur, et par les personnes que l'Ordre avait le plus de raisons d'éviter.

On avait posé le petit Cosmos au milieu de la pièce. Le pauvre avait vu des jours meilleurs. À la suite de ses interminables entrevues avec la Grille, son écran couvert de traces de doigts était déréglé ; plusieurs fils pendaient à l'arrière. Un scientifique entra dans la pièce, l'inspecta et se renfrogna quand il constata les dégâts causés à l'ordinateur portable argenté.

— C'est Bellis ? demanda le télévangéliste, les yeux rivés sur l'écran.

— Non, répondit Rex. Bellis n'est pas encore arrivé.

Comme il aurait aimé qu'Éric soit ailleurs dans le collisionneur et que Georges l'informe de la présence de sa bombe à mécanique quantique !

— Il sera là à 19 h 40, affirma un leader sur un ton bourru, au cœur de l'explosion.

Au fil des secondes, Rex retenait son souffle. À 19 h 30, la porte de la salle de contrôle s'ouvrit et Éric s'avança d'un pas tranquille. Après sa promenade revigorante, il se sentait d'humeur combative pour affronter son destin…

De l'autre côté du mur de deux mètres d'épaisseur, Georges et Annie surgirent par la porte ouverte dans le piège de Schrödinger inversé. Ils se firent mutuellement un croche-pied au moment de passer et s'affalèrent sur le sol métallique, bras et jambes emmêlés.

— Pousse-toi de là ! grogna Annie, coincée sous Georges.

Il roula sur le côté. Lorsqu'il essaya de se lever, ses jambes cédèrent sous lui. Il resta allongé un moment face à l'énorme disque en métal qui les surplombait.

On aurait dit un dessin simpliste du Soleil, rond et luisant, tandis que des rayons partaient du disque central. Autour de celui-ci, il y avait un anneau en plaques métalliques bleues et, encore autour, de grands bras gris tubulaires qui donnaient l'impression de vouloir embrasser quelqu'un.

Georges fit une nouvelle tentative pour se lever. Annie et lui avaient atterri sur une sorte de plate-forme. La jeune fille était encore pelotonnée sur elle-même par terre.

— Ça va ? s'inquiéta Georges.

Elle tourna la tête vers lui, les paupières encore baissées. Elle cligna des yeux; Georges aperçut un flash bleu vif avant qu'elle ne les referme.

— Je vais bien, merci. On dirait que quelqu'un a allumé la lumière d'un coup alors que je dormais encore. Donne-moi juste une seconde.

Georges en profita pour scruter les alentours.

— Salut ! lança-t-il.

Les deux syllabes se perdirent dans l'immense espace vide, comme si les machines les avaient avalées. Il perçut un mélange bizarre de sifflements répétitifs – PIIIOOOO, PIIIOOOO, PIIIOOOO… Mais apparemment personne ne travaillait ici.

Il ne remarqua pas les minuscules détecteurs de mouvement qui avaient immédiatement repéré leur arrivée non autorisée et déclenché le système d'alarme. Aussitôt, les caméras de sécurité transmirent des images des deux jeunes gens aux moniteurs. Au milieu de la machinerie complexe soigneusement protégée par les murs épais, Georges et Annie n'entendirent pas les sirènes annonçant le déclenchement du système de verrouillage et l'absorption immédiate des rayons. Les faisceaux de protons furent chassés des tubes de l'accélérateur pour s'accumuler dans des cylindres de graphite de sept mètres de long – chacun contenant un cylindre d'acier. Les deux amis ignoraient donc que leur présence avait déclenché une bruyante et incroyable réaction en chaîne.

Annie se releva tant bien que mal et cligna plusieurs fois des yeux.

— Nous sommes à bord d'une navette spatiale ? chuchota-t-elle. À moins que ce soit la salle des machines d'un astronef.

— Je ne pense pas. La gravité est normale et nous respirons sans bouteille à oxygène. On est sur Terre à mon avis. Dans le collisionneur, probablement. Cela signifie que le vieux Cosmos nous a conduits au bon endroit.

— Pfiou ! Tant mieux ! commenta Annie en s'approchant furtivement de lui, comme chaque fois qu'elle n'était pas rassurée. On va où, maintenant ? Comment allons-nous retrouver mon père ? Et la... ?

Georges s'apprêtait à répondre quand, soudain, elle poussa un hurlement effroyable.

— Quoi ? cria-t-il, paniqué.

Annie se tenait à côté de lui et il ne voyait rien de terrifiant.

— Je sens quelque chose... de... velu contre ma jambe, bredouilla-t-elle, paralysée par la peur.

Georges se pencha. Le chat noir et blanc qui vivait dans le piège diabolique de Zuzubin se frottait contre ses chevilles. Le collégien le prit dans ses bras.

— Tout va bien. C'est le matou de Zuzubin. Il a dû nous suivre dans le trou de ver.

Il gratta le chat qui ronronna et se blottit contre lui.

— Tu es sûr qu'on ne craint rien ? l'interrogea Annie, qui se remettait à peine de sa frayeur. Et si Zuzubin s'était transformé en chat pour faire encore plus de mal ?

— Je ne crois pas, répliqua Georges tout en caressant la douce fourrure noir et blanc. Regarde comme il est mignon. Il voulait sortir de la pièce tout comme nous. Tiens ! Qu'est-ce que c'est ?

Au collier du chat pendait une médaille gravée. Annie tourna le disque pour mieux lire.

— *Récompense. Mort ou vif!* Et de l'autre côté: *Schrödy.* Ce doit être son nom. Attends, il y a autre chose en petites lettres: *Je suis le chat qui marche seul.*

Tout à coup, le chat siffla et enfonça ses griffes dans la main de Georges. Le garçon le lâcha sans précaution.

— Eh ! Ça fait mal !

— Tu vois! répliqua Annie. On ne peut faire confiance à rien de ce qui vient de cette horrible pièce.

Le chat retomba sur la pointe de ses quatre pattes, telle une ballerine. Il siffla plusieurs fois puis gratta le sol en métal. Les poils de son dos hérissés, il s'arqua, prêt à attaquer un ennemi invisible. Ensuite, il leva les yeux vers Georges, les moustaches frémissantes, et détourna le regard.

— Que se passe-t-il, Schrödy ? lui demanda Georges, à genoux devant lui.

— Il prépare un mauvais tour, le prévint Annie.

Schrödy avança de quelques pas, se tourna et revint tout en lançant des regards insistants dans la direction de Georges.

— Il veut que nous le suivions, en déduisit celui-ci.

Annie n'en croyait pas ses oreilles.

— Tu me demandes de suivre un chat ?

— J'ai bien été envoyé dans l'espace par un hamster qui parle ! remarqua Georges. Puis piégé dans une salle bizarre par un scientifique cinglé qui veut faire exploser le LHC ! Alors pourquoi ne suivrions-nous pas ce chat ? C'est celui de Zuzubin, après tout.

— Ah bon, ce n'est pas celui de Schrödinger ? ironisa Annie.

— Peu importe ! C'est un chat physicien. Il sait peut-être quelque chose. Si ça se trouve, il a vu Zuzubin par la fenêtre du piège de Schrödinger inversé et il sait où son maître a caché la bombe dans le LHC ! Et puis…

Georges regarda l'immense machine quasiment silencieuse.

— … nous n'avons pas d'autre piste à suivre pour l'instant. Ce chat est peut-être le seul à pouvoir nous conduire à ton père ou à la bombe.

Annie tenait son téléphone à la main mais ne captait aucun signal.

— Si nous sommes bien dans le Grand Collisionneur de hadrons, poursuivit Georges, ce dont je ne doute pas, nous nous trouvons sous terre. Cette machine est peut-être une sorte de détecteur qui entoure le tube dans lequel les protons entrent en collision.

— Sous terre, répéta Annie. Comme dans le métro ?

— Ouais. Nous avons échappé à un piège pour tomber dans un autre. Seulement celui-ci est beaucoup plus dangereux que le dernier. Tu sais quoi ? Nous avons atterri ici pour une bonne raison : le vieux Cosmos nous a envoyés où Zuzubin s'était déjà rendu auparavant. La bombe ne doit pas être bien loin.

De son côté, Schrödy sifflait et donnait des coups de patte impatients sur le sol. Dans cette ambiance sinistre, les enfants imaginèrent le tic-tac de la bombe qui égrenait le peu de minutes avant l'explosion finale, la destruction de la plus grande expérience de l'humanité ainsi que d'un grand nombre de vies humaines.

Annie brisa le silence la première.

— Suivons le chat, décida-t-elle. Allez, Schrödy, montre-nous le chemin !

Le chat se lissa les moustaches, leur adressa un petit sourire satisfait puis longea la plate-forme en frimant jusqu'à un escalier bleu. En haut des marches, il s'arrêta et lança un regard suppliant à Georges.

— Il veut que tu le portes, traduisit Annie.

— Bas les griffes, Schrödy !

Georges souleva le chat puis dévala l'escalier. Annie, qui se dépêchait derrière lui, faisait un bruit terrible chaque fois qu'elle posait le pied sur une marche en métal.

Une fois en bas, Schrödy se contorsionna dans les bras de Georges et bondit avec grâce sur le sol. Les enfants le suivirent le long du mur courbe de l'énorme détecteur ATLAS.

Annie tira sur la manche de son ami tandis qu'ils marchaient sur la pointe des pieds derrière l'élégant chat noir et blanc.

— Georges… Et si Schrödy ne nous conduit pas à la bombe ? On fera quoi ?

Mal à l'aise, le garçon frissonna. Il aurait voulu se montrer plus courageux.

— Je n'en sais rien, admit-il. On essaiera de trouver ton père. Il sera peut-être capable de la désamorcer, lui. Tu sais qu'on peut compter sur lui.

À présent, ils marchaient à une profondeur importante et étaient entourés de béton, de roche et de diverses machines métalliques. Si la bombe explosait avant leur intervention, ils n'échapperaient pas à la déflagration. Cela ne faisait aucun doute.

Le chat les mena à l'arrière d'une immense salle souterraine. L'énorme flanc renflé d'ATLAS les toisait

avec ses millions de composants. Les enfants levèrent les yeux vers la plus grande expérience jamais créée par l'homme.

— Si la bombe est là-dedans, jamais nous ne mettrons la main dessus à temps, chuchota Annie.

Alors que le désespoir commençait à envahir Georges, Schrödy avait d'autres idées en tête. Tout en sifflant, il sortit ses griffes et les planta dans le mollet d'Annie. Bien qu'elle portât un jean, elle sentit la douleur.

— Aïe ! sale chat !

Le félin ne broncha pas. Il soutint son regard, remua sa longue queue puis se dirigea vers un distributeur de boissons dans un coin. Les enfants ne l'avaient même pas remarqué. Il s'agissait d'un objet tellement familier au milieu de cet endroit extraordinaire qu'il s'était fondu dans le paysage au point d'en devenir presque invisible.

— Schrödy ! s'indigna Annie. Pas question de t'offrir à boire maintenant ! On a d'autres ch... sujets de préoccupation, là !

Georges, lui, scrutait la machine avec intérêt.

— Annie... Tu ne remarques rien de bizarre ?

Elle examina le distributeur de plus près. La moitié supérieure était divisée en compartiments qui affichaient l'image d'une boisson à côté d'un bouton pour commander. En dessous des diverses options, on avait collé une feuille sur laquelle était écrit à la main : HORS SERVICE.

— Jamais entendu parler de ces boissons, remarqua Annie. Elles n'existent pas dans le commerce ! Rocky Quarky ! Gluon Glouton ! Neutrino Dingo ! Tu connais, toi ? Et puis le distributeur est allumé alors qu'on a écrit HORS SERVICE.

Georges fit un rapide calcul mental.

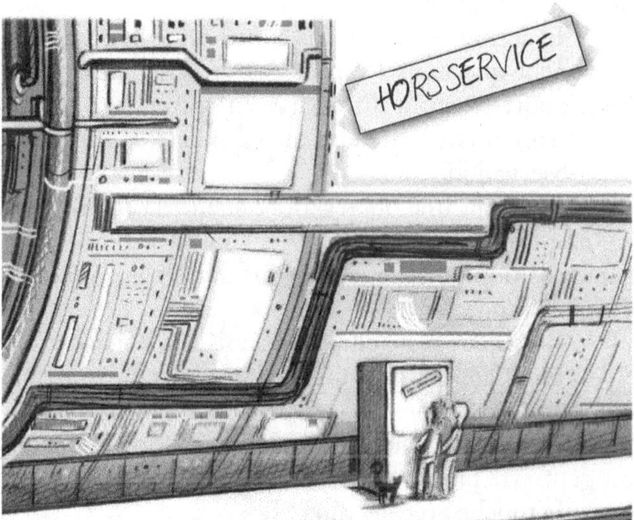

— Huit ! grommela-t-il. Je compte huit boissons et, d'après Rex, il y a huit interrupteurs sur la bombe.

Annie étouffa un cri.

— La bombe est dans le distributeur, c'est ça ? Nous devons sélectionner la bonne boisson si nous voulons la désamorcer.

Georges prit dans sa poche le morceau de papier sorti de l'arrière-train de Pooky et sur lequel était inscrit le long code numérique.

— J'ai compris ! C'est le code qui active les interrupteurs pour que nous puissions armer… ou désarmer la bombe ! Mais la superposition quantique implique que les huit interrupteurs ont servi à l'armer et qu'un seul est crucial. Quant à savoir lequel…

— Si nous appuyons sur le mauvais bouton, la bombe explose ? bredouilla Annie.

— Exact. Et nous saurons lequel est le bon une fois seulement que nous l'aurons essayé. Une chance sur huit, quoi ! Rex m'a dit qu'il avait trafiqué la bombe afin qu'on puisse l'éteindre quand même. Il aurait fait une observation…

— S'il a fait une observation, enchaîna Annie, cela signifie qu'il sait quelle boisson choisir afin que cette superposition quantique ne se produise pas. Pooky t'a envoyé le code…

— Il ne nous reste plus qu'à choisir la boisson !

— Plus facile à dire qu'à faire, marmonna Annie qui avança d'un pas.

— Ne touche à rien ! lui ordonna Georges. L'engin est peut-être piégé.

— Je touche avec les yeux ! Eh, regarde !

Sous la fente où l'on insérait la monnaie, le cadran

qui comptait les pièces affichait deux chiffres qui changeaient à toute allure : 82, 81 80, 79...

— Je te parie que ce sont les secondes qui restent avant l'explosion, annonça Annie. Nous devons choisir, et vite, ou nous sommes perdus. À ton avis, que se passera-t-il si nous appuyons sur les huit boutons en même temps ? Tu crois que ça marchera ?

— Non. C'est un distributeur de boissons, ce qui rend le stratagème encore plus malin. Réfléchis : avec une machine normale, on appuie sur un bouton à la fois et on obtient une seule boisson. Il faut qu'on se décide...

— Je donne ma langue au chat, ironisa Annie qui n'avait pourtant pas le cœur à rire.

Georges lut à voix haute la liste des boissons proposées.

— WiZfizzz, Rocky Quarky, Gluon Glouton, Photon Stock, Neutrino Dingo, Électron NRJ, Hihi Higgs Hourra, Tau glacé goût pêche.

Les chiffres affichaient à présent 60 au compteur. Les secondes s'égrainaient à une allure folle. En désespoir de cause, Georges se pencha vers Schrödy.

— T'aurais pas une petite idée, toi ?

Le chat secoua la tête tristement, comme pour lui dire qu'il avait fait son possible. Il s'enroula autour des chevilles de Georges et se lava les moustaches.

— Annie… ?

— Un sur huit, répétait-elle tout en se torturant les méninges. Un sur huit.

— Bosons Z et W… Quark, gluon, photon, neutrino, électron, Higgs, tau… Lequel d'entre vous ?

Soudain, une étincelle jaillit dans son cerveau, aussi brillante que les lumières sur le distributeur.

— *Eurêka* ! J'ai trouvé ! C'est le théorique, le bon ! Tous les autres, nous les connaissons, nous savons qu'ils existent ! Par contre, nous ignorons si le boson de Higgs existe vraiment ou s'il s'agit simplement d'une astuce pratique pour que le reste de nos connaissances s'imbrique à notre convenance.

— Appuie ! l'encouragea Annie. Maintenant ! Avant qu'il ne soit trop tard.

Au moment où Georges tendit le bras, le décompte affichait 15 secondes. Sa main trembla.

Et s'il se trompait ?

S'il appuyait sur le mauvais bouton et était responsable de la destruction du Grand Collisionneur de hadrons, de la mort de tous ses occupants ?

Un souvenir lui revint à l'esprit. Un jour, Éric lui avait raconté que toutes les observations en théorie quantique étaient fondamentalement imprévisibles (il avait utilisé l'adjectif « indéterminées »). Les physiciens ne calculaient que la probabilité d'un résultat particulier. Et, dans des situations spéciales uniquement, cette probabilité se transformait en certitude. Comment Rex avait-il pu obliger la bombe à choisir Hihi Higgs Hourra ? Il jeta un coup d'œil au papier de Pooky et s'aperçut que le dernier caractère sur la ligne de symboles n'était pas un chiffre mais une lettre en majuscule, un H.

Le compte à rebours se poursuivait – 9, 8, 7, 6, 5 – quand Georges, enfin sûr d'avoir trouvé la bonne solution, appuya sur le bouton et sélectionna du Hihi Higgs Hourra.

Aussitôt, les lumières cessèrent de clignoter sur la façade du distributeur. L'affichage du temps se figea pendant 4 secondes. ENTREZ CODE défila sur la petite fenêtre.

Georges se dépêcha de taper les chiffres indiqués par Pooky. Soudain, la machine s'éclaira et se mit à trembler. Le mot DÉSARMÉ apparut.

Les yeux écarquillés d'étonnement, les enfants entendirent un bruit sourd, puis le distributeur laissa tomber une cannette de boisson dans le plateau transparent en bas et s'éteignit tout seul.

— Eh bien ! s'exclama Georges. Je ne m'attendais pas du tout à cela !

Schrödy ronronnait de joie à ses pieds. Annie s'assit par terre, soulagée. À cet instant, un autre bruit se fit entendre – celui d'une lourde porte qu'on ouvrait – suivi de pas. On approchait... Un Éric aux cheveux ébouriffés tourna au coin de l'immense machine et stoppa net quand il vit les deux enfants.

— Annie ! Georges ! Par toutes les étoiles de l'Univers, que se passe-t-il ici ?

Derrière lui surgit une phalange de scientifiques éberlués qui avaient couru jusqu'à la cavité d'ATLAS.

Dès que les alarmes s'étaient tues, les savants s'étaient vite aperçus que deux jeunes personnes avaient pénétré dans la grotte souterraine contenant le détecteur ATLAS. Après avoir joué des coudes parmi l'assemblée réunie devant l'écran d'ordinateur qui montrait une image des deux intrus, Éric avait réalisé avec horreur que le duo présentait une étonnante ressemblance avec sa fille Annie et son meilleur ami Georges. Sous leurs yeux médusés, les deux silhouettes avaient descendu l'escalier devant ATLAS et étaient sorties de leur champ de vision. À cet instant, Éric était passé à l'action. Il était sorti en courant de la salle de contrôle,

déterminé à arriver le premier devant le détecteur ATLAS.

Annie tomba dans ses bras et se serra fort contre lui.

— Papa ! Tu es sain et sauf ! Le LHC ne va pas exploser. La science n'est pas perdue !

— Qu'est-ce que tu racontes ?

— Professeur Bellis, intervint un scientifique, pouvez-vous nous expliquer comment ces enfants, qui vous connaissent apparemment, sont parvenus à apparaître dans la section souterraine et scellée du Grand Collisionneur de hadrons, provoquant ainsi le verrouillage du système et l'absorption des faisceaux ?

Éric fit un signe de tête au savant qui venait de prendre la parole.

— Ah ! Professeur Ling !

— Pouvez-vous gentiment nous expliquer ce qu'il se passe ?

Le professeur avait coincé sous son bras Cosmos, le petit portable argenté. Même dans son empressement à suivre Éric sorti telle une furie de la salle de contrôle, il n'avait visiblement pas souhaité laisser Cosmos sans surveillance.

— Euh... eh bien... non, répondit Éric.

Les scientifiques se renfrognèrent. Georges se dépêcha d'intervenir.

— Hum, hum... Bonjour, tout le monde. Désolé pour le dérangement, mais il y avait une bombe à mécanique quantique à l'intérieur du distributeur de boissons.

— Le distributeur de boissons ? répéta Ling. Mais il est hors service depuis des siècles. Personne ne s'en est jamais servi... En tout cas, voilà un endroit vraiment malin où dissimuler une bombe.

— Si elle avait explosé, continua Georges, le collisionneur aurait été détruit. Nous – c'est-à-dire Annie et moi, parce que je n'aurais pas pu trouver la solution tout seul – savions qu'il y avait huit interrupteurs qui armaient ou désarmaient la bombe. La machine proposait huit boissons différentes représentant donc les huit interrupteurs. Nous avions le code ici...

Il agita le bout de papier délivré par Pooky.

— ... et nous savions que le concepteur de la bombe avait, en secret, laissé un indice. Il ne nous restait plus qu'à deviner quelle option, je veux dire quelle boisson, choisir. Nous avons opté pour le Hihi Higgs Hourra, parce que les autres nommaient des particules dont nous connaissons l'existence, tandis que le boson de Higgs est encore théorique et n'a pas été confirmé par les expériences menées ici au LHC.

Il se tourna alors vers Annie.

— C'était le bon choix, car le code que j'ai dans les mains se termine par la lettre H. Nous avons donc sélectionné le Hihi Higgs Hourra, entré le code, et la bombe est à présent désactivée.

— La première fois que le boson de Higgs est observé dans le Grand Collisionneur de hadrons ! remarqua un scientifique. Et nous devons remercier un distributeur de boissons.

Les autres scientifiques murmuraient entre eux.

— Une bombe à mécanique quantique ? marmonnaient-ils. Qui a bien pu imaginer un appareil aussi démoniaque ? Qui voudrait provoquer une telle destruction ?

Georges et Annie échangèrent un regard. Annie expliqua leur mésaventure dans le piège de Schrödinger inversé.

— Cette organisation, les Barges…

Les scientifiques grommelèrent, mais Annie poursuivit :

— Les Barges souhaitaient faire exploser le collisionneur le jour où vous étiez tous rassemblés ici. Le monde entier aurait cru qu'une expérience avait mal tourné. Ainsi, ils auraient fait d'une pierre deux coups : les meilleurs physiciens du monde auraient été éliminés et les gens auraient conclu que ces expériences étaient vraiment trop dangereuses, qu'il ne fallait surtout pas les recommencer à l'avenir.

— Je ne comprends pas, enchaîna Ling. Comment sont-ils parvenus jusqu'ici ? La sécurité est maximale autour du collisionneur. Par quel moyen sont-ils entrés ?

— Ils avaient une taupe, expliqua Georges.

— Zuzubin…, comprit Éric, attristé. Il nous a trahis. Sais-tu pourquoi, Georges ?

Éric semblait si affligé que Georges ne voulait plus parler de la traîtrise de son vieux maître. Mais il n'avait pas le choix.

— Euh, voyons… Annie et moi… Nous pensons que Zuzubin voulait se servir du vieux Cosmos comme machine à remonter le temps et faire un saut dans son passé. Il souhaitait que ses théories – celles que tout le monde a oubliées – aient l'air exactes. Et que les vôtres soient fausses. Il aurait également montré qu'il avait prévu l'explosion du Grand Collisionneur de hadrons et cela aurait davantage appuyé ses théories.

Éric ôta ses lunettes et les essuya avec sa chemise.

— Mon Dieu… Pauvre Zuzubin.

— Comment cela, « pauvre Zuzubin » ? rétorqua Georges, indigné. Il a essayé de nous tuer ! Vous ne pouvez pas avoir pitié de lui.

Éric secoua la tête.

— Il est devenu fou. Le Zuzubin que je connaissais n'aurait jamais fait une chose pareille. Il aurait su que la science est une histoire sans fin. La question n'est pas de savoir qui a raison, qui a tort. Le but est de progresser. On doit accomplir le meilleur travail possible puis laisser les scientifiques qui viennent après vous construire sur ce que vous avez créé. Ils réfuteront peut-être vos théories – c'est un risque à prendre. Essayer quelque chose de nouveau implique de prendre des risques ; dans le cas contraire, on ne réussit rien de significatif. Bien entendu, on se trompe parfois. Peu importe. Qui ne tente rien n'a rien. Il faut alors se remettre au travail avec encore plus d'acharnement. Et je ne te parle pas que de science… Dans la vie de tous les jours aussi.

— Exactement, enchérit le professeur Ling. Les plus grands défis ne sont pas surmontés quand nos prédictions sont exactes, mais quand elles ne le sont pas ! Nous découvrons alors de nouvelles informations qui nous obligent à modifier tout ce que nous croyions savoir.

À cet instant, le pager de Ling bipa avec furie, à l'instar de tous les pagers des scientifiques présents. On aurait dit qu'un vol d'étourneaux traversait la salle.

Tous s'emparèrent de leur pager et lurent le court message. Un grand cri s'éleva.

— Que se passe-t-il ? demanda Georges à Éric.

Le savant serra les deux enfants dans ses bras.

— C'est ATLAS ! Il a un résultat pour nous. Au moment où nous nous y attendions le moins ! Il détient des informations nouvelles sur le début de l'Univers. Maintenant, si je pouvais l'entrer dans Cosmos…

Tous les scientifiques se turent quand ils se rappelèrent que la difficile question de la tutelle de Cosmos n'avait pas encore été résolue.

L'air pensif, le professeur Ling prit la parole :

— Professeur Bellis, je crois qu'une question devrait être abordée avant que nous nous penchions sur cette nouvelle et intéressante information fournie par ATLAS. Avant que je demande aux éminents membres de l'Ordre de la quête scientifique pour le bien de l'humanité de voter pour ou contre la prolongation de votre garde de Cosmos, j'aimerais savoir comment ces deux enfants ont acquis de telles connaissances. Comment deux jeunes élèves sont-ils parvenus à utiliser ces notions inattendues de théorie quantique afin d'empêcher une énorme catastrophe dans le LHC – événement qui aurait fait reculer l'humanité de plusieurs siècles ?

Éric n'eut pas l'occasion de répondre, car il fut devancé par Georges lui-même.

— Je peux vous expliquer ! Éric ne cesse de nous communiquer son savoir. Il ne se contente pas de nous parler ; nous l'accompagnons dans ses voyages, si bien que nous voyons les choses par nous-mêmes. Il partage sa science avec nous et nous oblige aussi à utiliser notre cerveau pour que cette science prenne un sens pour nous.

— Et il se sert de Cosmos pour cela ? s'enquit le professeur Ling.

— Cosmos l'aide à rendre la leçon plus drôle et passionnante. C'est ainsi que nous apprenons le mieux. Lorsqu'un nouveau défi se présente, nous savons comment appliquer nos savoirs lors de situations différentes et parvenir aux bonnes réponses. Sachez aussi que…

Georges lança un regard inquiet à Éric mais décida de continuer malgré tout :

— … nous n'aurions pas été capables d'accomplir ceci – sauver toutes ces vies et le Grand Collisionneur de hadrons – sans le professeur Tiburce Rex. Il a mis sa vie en danger lorsqu'il a rejoint les Barges. Qui sait le sort qu'ils lui auraient infligé s'ils avaient appris sa trahison ? Il a envoyé son avatar dans l'espace pour me parler de la bombe. Sans lui, nous n'aurions jamais pu intervenir. Voulez-vous bien réfléchir à sa prochaine réintégration dans l'Ordre de la quête scientifique ? Il mérite sincèrement que vous l'accueilliez à nouveau parmi vous.

— Hum, marmonna le professeur Ling, très intéressant. Je vais soumettre ces deux questions au vote. Ceux qui sont en faveur d'Éric Bellis, seul et unique gardien de Cosmos, levez la main, je vous prie.

Une forêt de mains se leva.

— Ceux qui sont contre ?

Pas un seul bras n'apparut.

— Ceux qui souhaitent réhabiliter Tiburce Rex ?

Malheureusement, même avec la voix d'Éric, il manquait deux « oui ».

— Georges et Annie, les interpella Éric, vous êtes membres de l'Ordre tous les deux. Voudriez-vous voter ?

Les enfants sourirent et levèrent aussitôt la main.

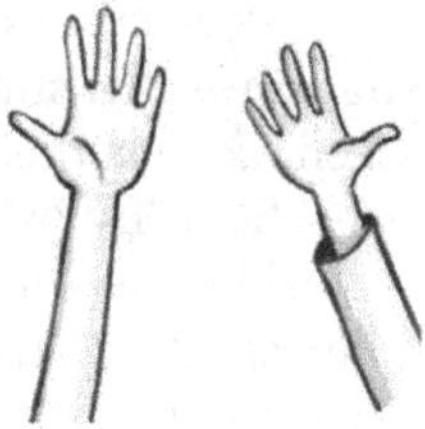

— Dans ce cas, déclara le professeur Ling en tendant Cosmos à Éric, j'aimerais que Cosmos revienne sous votre tutelle. Ensuite, je vous assure que nous retrouverons le professeur Rex et que nous l'admettrons à nouveau parmi nous. Pour avoir sauvé la science de la destruction…

— Merci, bredouilla Éric qui serrait Cosmos contre lui. Merci, professeur Ling. Merci, chers collègues de l'Ordre de la quête scientifique. Mais surtout, merci à vous, Annie et Georges.

— Une chose encore, lança Ling tandis que le groupe de savants commençait à se disperser. Professeur Bellis… plus de cochons. S'il vous plaît. Pas avec le superordinateur, en tout cas.

— Évidemment ! s'empressa de répondre Éric. Je prendrai ma voiture la prochaine fois que je devrai déplacer un cochon... Quand je l'aurai retrouvé, ajouta-t-il à voix basse.

Ce serait sa première tâche sur sa longue liste de choses à faire, après avoir examiné les résultats des expériences sur les débuts de l'Univers, bien entendu.

— Au fait, remarqua le professeur Ling quand il rejoignit la file d'attente devant l'ascenseur, suis-je le seul à avoir vu un chat ici ? Comment a-t-il pu se faufiler jusque-là ?

— Vous voulez parler de Schrödy... ? commença Annie avant de se taire.

Elle regarda autour d'elle. Aucun signe du chat noir et blanc.

— Peut-être est-il parti dans une autre dimension ? suggéra-t-elle, surprise. Après tout, il en a encore dix au choix, si la théorie M est correcte.

— Schrödy ? s'étonna le professeur Ling.

— Un ami imaginaire d'Annie, intervint Georges. Elle est encore très jeune, monsieur. À son âge, on a beaucoup d'imagination. Aïe ! Aïe ! Annie, arrête de... Aïe !

## LA THÉORIE M : 11 DIMENSIONS !

Comment pouvons-nous combiner la théorie classique de la relativité générale d'Einstein, qui décrit la gravité et la forme de l'Univers entier, avec la théorie quantique, qui explique les minuscules particules fondamentales et toutes les autres forces ?

Les tentatives les plus réussies impliquent toutes des dimensions spatiales supplémentaires et la super-symétrie.

Les dimensions supplémentaires sont enroulées sur elles-mêmes de manière tellement serrée que les gros objets ne les remarquent pas !

La super-symétrie impliquerait l'existence de nouvelles particules fondamentales : les photinos qui vont avec les photons, les squarks qui vont avec les quarks ! (Le LHC risque de les voir et peut-être de détecter d'autres dimensions !)

La théorie des super-cordes (cordes super-symétriques) remplace les particules (points) par de minuscules cordes (traits). En vibrant de différentes manières, comme différentes notes sur une corde de guitare, les cordes se comportent comme différents types de particules. Même si cela paraît étrange, les cordes peuvent expliquer la gravité !

## LA THÉORIE M : 11 DIMENSIONS !

Les supercordes doivent exister en 10 dimensions. Par conséquent, 6 autres dimensions doivent être cachées. Nous ne comprenons pas encore exactement comment cela se produit.

En 1995, Ed Witten a suggéré que les diverses théories des supercordes étaient toutes des approximations d'une seule théorie en 11 dimensions, qu'il a appelée la « théorie M ».

Les scientifiques ont étudié en profondeur la théorie M depuis lors, mais ils ne savent pas exactement ce qu'elle est, ou si elle est réellement une théorie du Tout.

Les scientifiques ne sont pas d'accord sur la signification de ce « M » : est-ce *magie, mystère, maître, mère*, peut-être *membrane*? Aux générations futures de physiciens de découvrir la vérité !

# Chapitre 19

De retour dans la salle de contrôle du CERN, les scientifiques surexcités s'étaient rassemblés devant les écrans d'ordinateurs pour passer en revue les nouvelles données étonnantes découvertes par ATLAS et les collisions à haute énergie qui avaient lieu dans les tunnels en contrebas. Le professeur Ling et Éric étaient très occupés à entrer ces fameuses données dans Cosmos.

— Comme c'est excitant ! s'exclama Éric. Ces nouvelles informations d'ATLAS vont nous permettre de faire une simulation de l'Univers à rebours sur Cosmos. Nous pouvons commencer dès aujourd'hui et reculer de 13,7 milliards d'années ! Quel spectacle…

— Euh, papa…, l'interrompit Annie. Avant de te lancer, tu pourrais appeler maman ? Elle s'inquiétait vraiment pour toi. Elle aimerait savoir si tu vas bien.

— Bien entendu ! s'écria Éric.

Il s'empara aussitôt d'un téléphone sur le bureau et appela chez lui.

— Allô, Suzanne ! Oui, oui, je vais bien. Quoi ? Annie ? Perdue ? Non, elle est là avec moi… Comment s'est-elle rendue en Suisse ? Euh, eh bien… C'est une longue histoire… Non, non, Georges est là, lui aussi… Oui, nous serons rentrés à temps pour la fête… Non, je n'ai pas oublié que c'est à moi de récupérer le gâteau…

Pendant qu'Éric bataillait pour expliquer à sa femme comment les deux enfants étaient apparus sains et saufs au LHC, Georges tapota l'épaule du professeur Ling.

— Professeur Ling, et les Barges ? Que va-t-il leur arriver maintenant ?

Le scientifique prit un air très sérieux.

— J'ai émis une alerte internationale. J'espère qu'on les trouvera et qu'on les arrêtera. Ils ont mis en danger la vie de nombreuses personnes, et, sans Annie et toi, une véritable tragédie aurait eu lieu.

— Et si on ne les trouve pas ?

— Où qu'ils soient sur cette planète, nous les traquerons.

— Les Barges n'essayaient pas du tout de protéger leurs semblables, n'est-ce pas ? Ils voulaient effrayer les gens pour avoir plus de partisans ?

— Oui, Georges. Ils prétendaient vouloir prendre soin de l'humanité, mais c'était faux. Ils se servaient d'un bon motif pour en cacher un mauvais, ce qui est vraiment machiavélique.

— Mes parents n'aiment pas beaucoup la science, confessa Georges. Ils pensent qu'elle endommage la planète. Ce sont des écologistes purs et durs.

— Alors, nous autres scientifiques ferions mieux

d'écouter des personnes comme tes parents et de ne pas ignorer leur point de vue. La planète appartient à chacun de nous et nous devrions être capables de travailler ensemble pour changer les choses.

Georges se sentit soudain très fier de son père et de sa mère.

Pendant ce temps, Annie avait chipé le téléphone des mains d'Éric et parlait à Vincent, à Foxbridge.

— Tu as fait quoi ?

Et elle éclata de rire. Couvrant le téléphone d'une main, elle se tourna vers Georges.

— Vincent a envoyé Zuzubin dans le piège de Schrödinger inversé ! Zuzubin émergeait à peine quand Vincent a ouvert la porte et l'a poussé à l'intérieur.

Georges lui prit l'appareil des mains.

— Bravo ! Ça, c'était cool !

Georges devait admettre que le karatéka leur avait ôté une belle épine du pied. Peut-être deviendraient-ils (au conditionnel) amis dans l'avenir ?

À l'autre bout du fil, Vincent rigolait.

— Ce n'était rien, répondit-il avec modestie. Rien par rapport à vous, en tout cas. Je me suis dit qu'il n'existait pas d'endroit plus sûr où le garder en attendant le retour d'Éric. Je le vois sur le moniteur : il est furieux ! Et j'ai verrouillé la porte pour qu'il ne la rouvre pas.

— Il pourrait se sauver ? demanda Georges.

— Non, répondit Éric, qui avait entendu leur conversation. Zuzubin est coincé là-bas. Jusqu'à ce que nous retournions à Foxbridge, demain, par avion, comme des gens normaux. Ne vous inquiétez pas, les enfants, je m'occuperai de Zuzubin à mon arrivée. Et oui, Georges, je rechercherai Fred avant de lui trouver un foyer permanent.

Annie prit le téléphone des mains de Georges.

— Salut, Vincent ! À demain ! Il faut qu'on te laisse : mon père s'apprête à remonter le temps sur Cosmos. Nous allons retourner au début de tout et voir à quoi ressemblait le Big Bang !

Éric s'assit devant le superordinateur, tapa sur de nombreuses touches tandis que le professeur Ling observait par-dessus son épaule.

Annie et Georges se faufilèrent parmi la petite foule de scientifiques réunis en silence autour d'eux afin de voir l'écran. Des colonnes de chiffres défilaient à toute allure pendant que, dans un coin, une fine ligne rouge

sur un graphique descendait petit à petit vers le bas de l'écran.

— C'est le diamètre de l'Univers, expliqua Éric. Il rétrécit jusqu'à atteindre zéro pendant que Cosmos s'approche du Big Bang.

Sous les yeux de Georges, la ligne dégringola soudain à pic.

— L'inflation ! murmura le professeur Ling. Une période d'expansion exponentielle. Nous sommes entrés dans la première seconde de la vie de l'Univers.

Seul le ronronnement des ordinateurs et de la climatisation brisa le silence pendant les minutes suivantes. Georges ne pouvait quitter la petite ligne des yeux. Elle était quasiment en bas de l'écran quand elle sembla soudain se redresser un peu. Elle descendait toujours, mais pas si brusquement.

Georges écarquilla les yeux. Quelqu'un prit une profonde inspiration derrière lui : Éric, un grand sourire aux lèvres, les yeux scrutant les interminables colonnes de chiffres.

— Ce n'est pas ce à quoi nous nous attendions ! chuchota-t-il. Absolument pas.

— Explique, papa.

Il se tourna vers sa fille, la mine réjouie.

— Ce n'est pas ce que nous espérions depuis le départ, Annie. La nouvelle physique ! Tu vois, on dirait qu'il n'y en a pas qu'un au Big Bang !

Il se mit à taper à toute vitesse sur le clavier de Cosmos.

— Un quoi ? demanda Annie à Georges.

Georges continuait d'examiner le graphique. La petite ligne chutait encore, mais elle s'était tellement aplanie qu'elle rasait presque le bas de l'écran.

— Je crois savoir…

Éric s'adossa à son siège, l'air triomphant.

— Vous allez voir ce que vous allez voir !

Et là, il appuya sur la touche F4. Un petit faisceau de lumière jaillit de Cosmos et dessina une fenêtre dans les airs, au-dessus de la tête des scientifiques, du professeur Ling, d'Éric, d'Annie et de Georges. Au début, la fenêtre leur parut sombre, avec un objet rond et flou en son centre. Très vite, les contours de la sphère bleu et vert devinrent plus distincts et ils purent admirer la planète Terre, tournant sur son axe tandis qu'elle

voyageait sur son orbite autour de son étoile parente, le Soleil. Cosmos approcha la fenêtre de la Terre afin que l'assemblée la voie mieux : le dessin familier de ses continents et de ses océans, ses déserts, ses immenses forêts qui couvraient la plus belle et la plus habitable des planètes. Soudain, la surface de la Terre changea de forme…

ÉPOQUE :
MAINTENANT
13,7 milliards d'années depuis le Big Bang

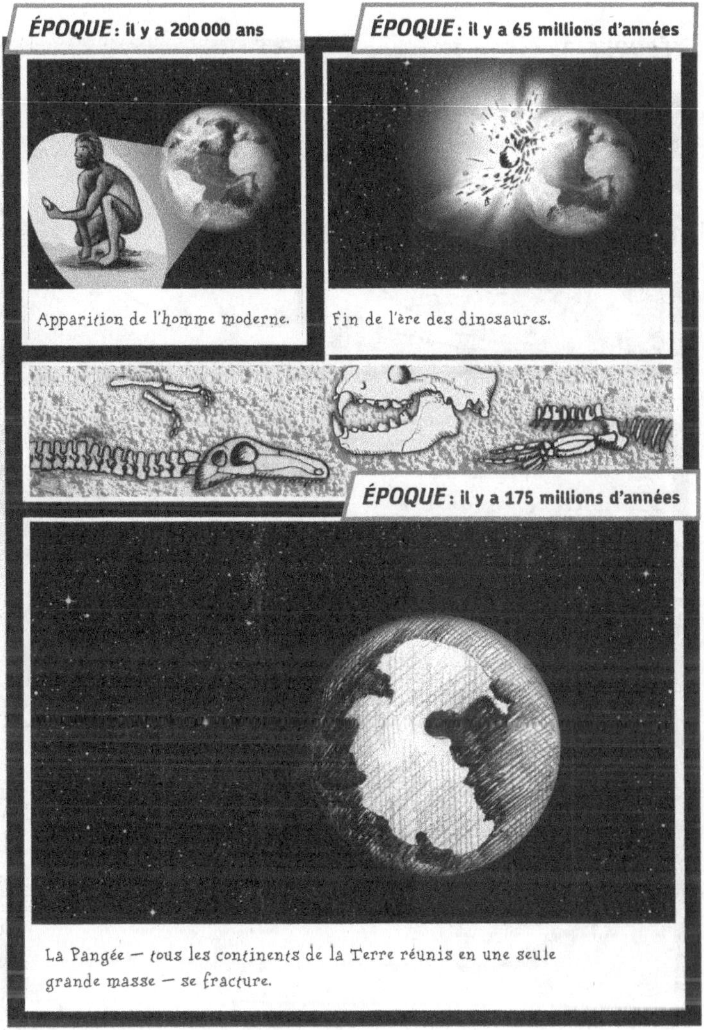
ÉPOQUE : il y a 200 000 ans
Apparition de l'homme moderne.
ÉPOQUE : il y a 65 millions d'années
Fin de l'ère des dinosaures.
ÉPOQUE : il y a 175 millions d'années
La Pangée — tous les continents de la Terre réunis en une seule grande masse — se fracture.

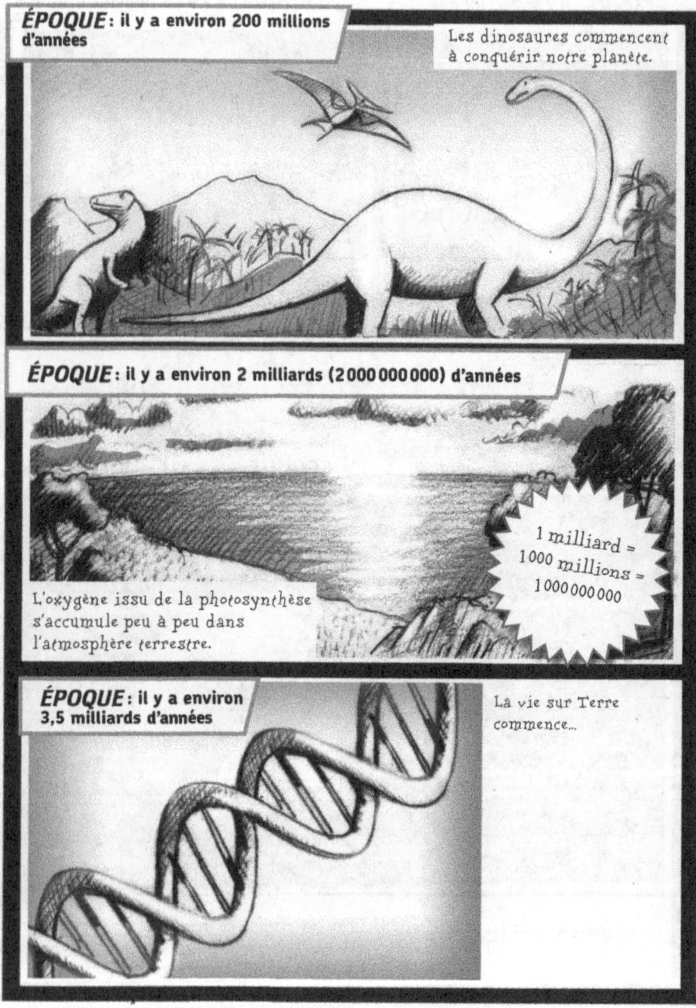
ÉPOQUE : il y a environ 200 millions d'années
Les dinosaures commencent à conquérir notre planète.
ÉPOQUE : il y a environ 2 milliards (2 000 000 000) d'années
L'oxygène issu de la photosynthèse s'accumule peu à peu dans l'atmosphère terrestre.
1 milliard = 1 000 millions = 1 000 000 000
ÉPOQUE : il y a environ 3,5 milliards d'années
La vie sur Terre commence...

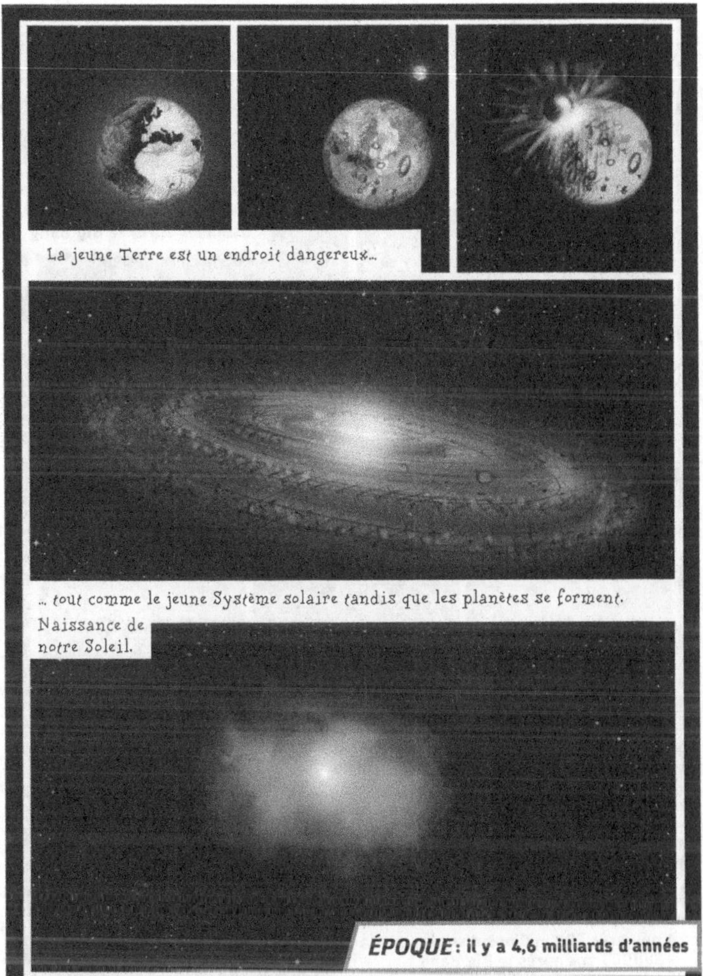
La jeune Terre est un endroit dangereux...
... tout comme le jeune Système solaire tandis que les planètes se forment.
Naissance de notre Soleil.
ÉPOQUE : il y a 4,6 milliards d'années

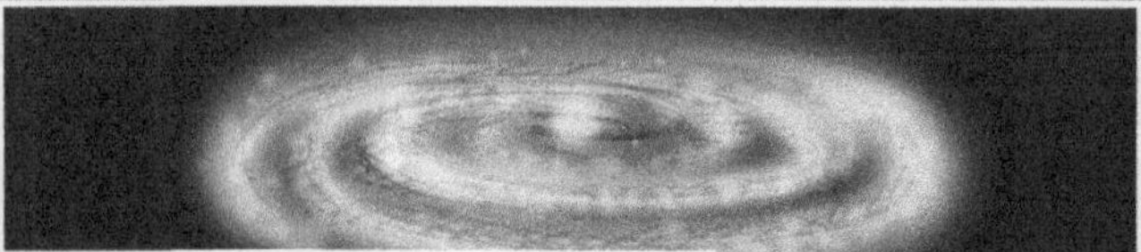

Une magnifique galaxie en spirale : la Voie lactée.

**ÉPOQUE : il y a 13,2 milliards d'années – environ 500 millions d'années après le Big Bang**

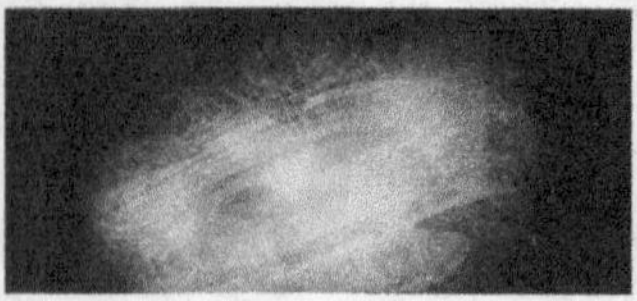

Les premières étoiles explosent et projettent un mélange de différents atomes dans l'espace. Ils deviendront la prochaine génération d'étoiles dans tout l'Univers.

Des amas de gaz s'effondrent en masses qui se réchauffent tellement qu'elles libèrent de l'énergie nucléaire et deviennent les premières étoiles.

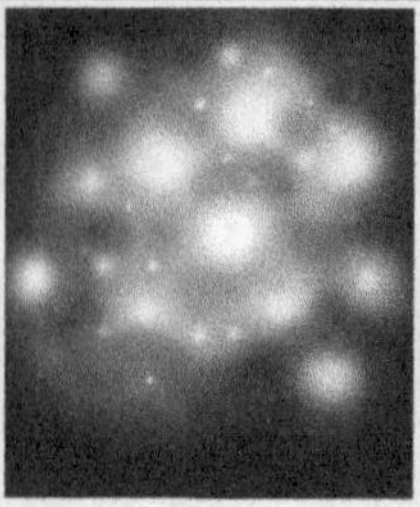

Des paquets denses de matière noire et de gaz sont attirés les uns vers les autres par la gravité.

Les âges sombres durent quelques centaines de millions d'années.

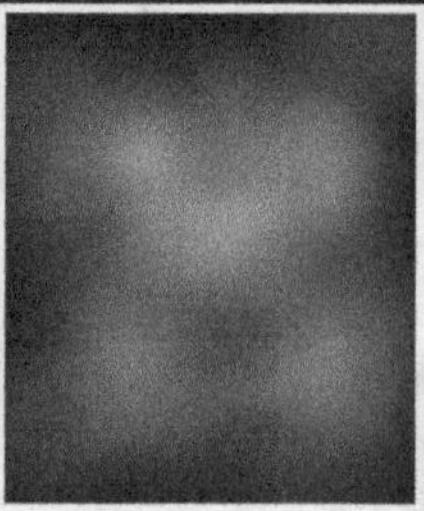

Le brouillard se lève quand les premiers atomes apparaissent. Le fond diffus cosmologique est à présent libre de voyager à travers l'Univers.

**À peu près 500 millions d'années plus tôt – 380 000 ans après le Big Bang**

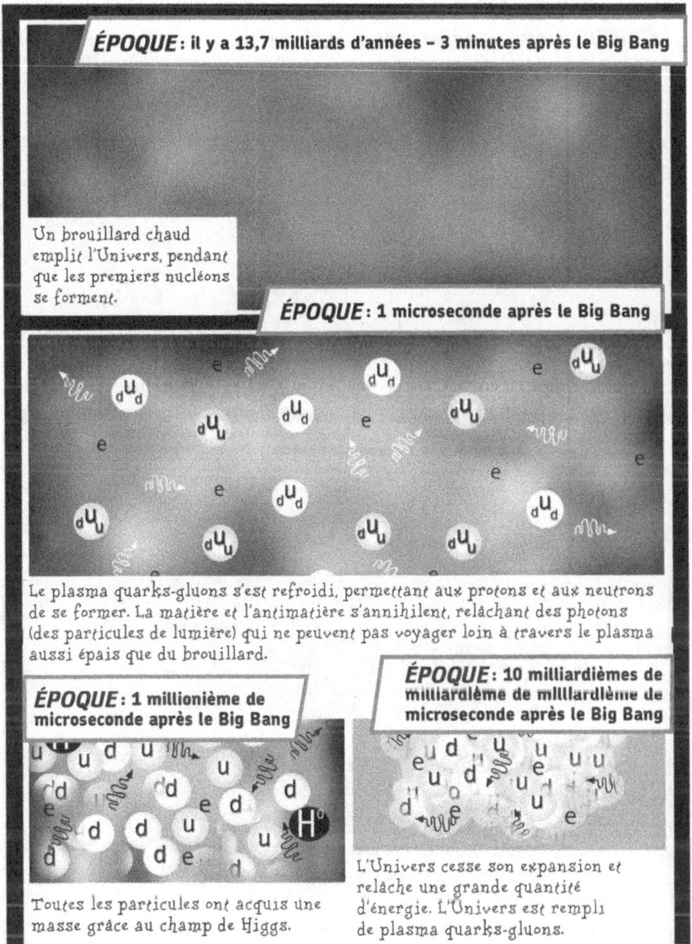
ÉPOQUE : il y a 13,7 milliards d'années – 3 minutes après le Big Bang
Un brouillard chaud emplit l'Univers, pendant que les premiers nucléons se forment.
ÉPOQUE : 1 microseconde après le Big Bang
Le plasma quarks-gluons s'est refroidi, permettant aux protons et aux neutrons de se former. La matière et l'antimatière s'annihilent, relâchant des photons (des particules de lumière) qui ne peuvent pas voyager loin à travers le plasma aussi épais que du brouillard.
ÉPOQUE : 1 millionième de microseconde après le Big Bang
Toutes les particules ont acquis une masse grâce au champ de Higgs.
ÉPOQUE : 10 milliardièmes de milliardième de milliardième de microseconde après le Big Bang
L'Univers cesse son expansion et relâche une grande quantité d'énergie. L'Univers est rempli de plasma quarks-gluons.

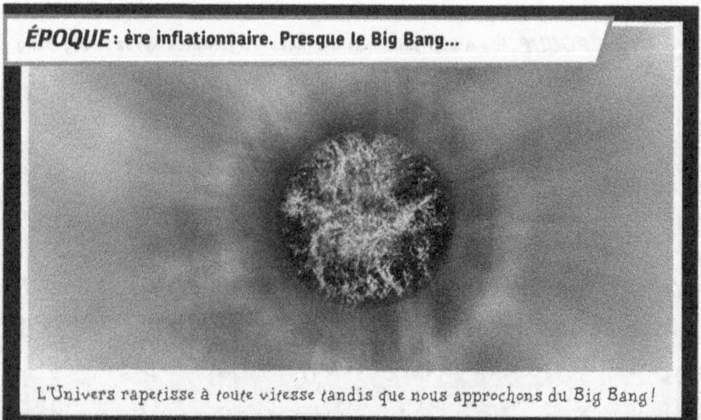
ÉPOQUE : ère inflationnaire. Presque le Big Bang...
L'Univers rapetisse à toute vitesse tandis que nous approchons du Big Bang !

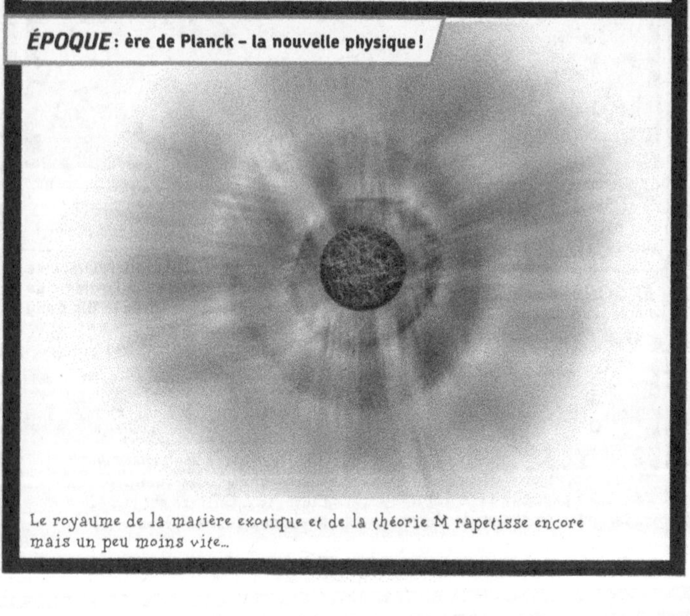
ÉPOQUE : ère de Planck – la nouvelle physique !
Le royaume de la matière exotique et de la théorie M rapetisse encore mais un peu moins vite...

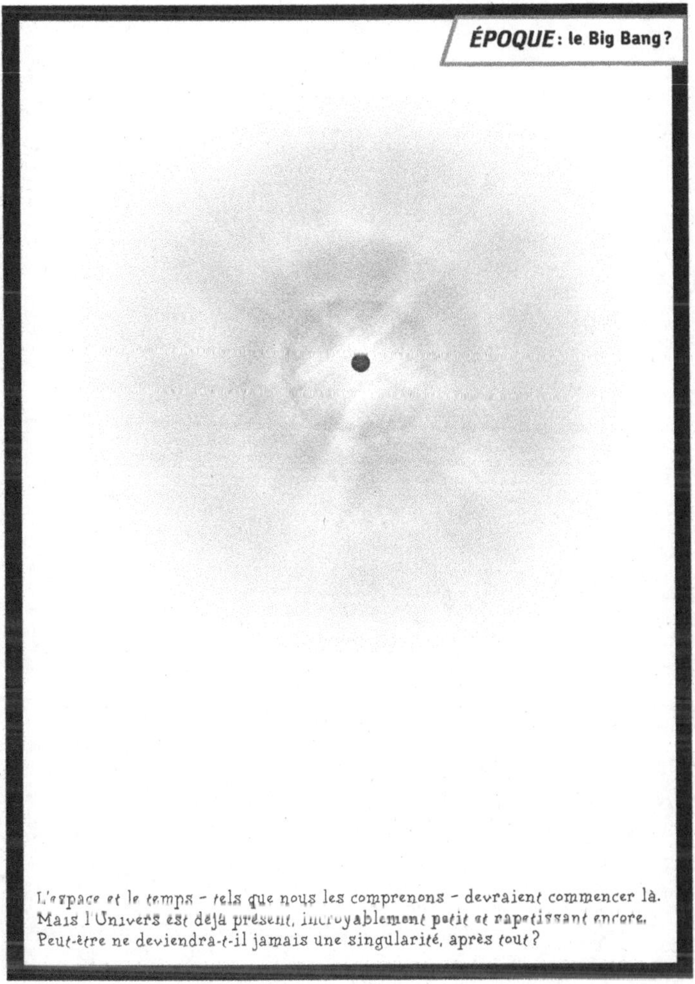
ÉPOQUE : le Big Bang ?
L'espace et le temps – tels que nous les comprenons – devraient commencer là.
Mais l'Univers est déjà présent, incroyablement petit et rapetissant encore.
Peut-être ne deviendra-t-il jamais une singularité, après tout ?

# Remerciements

*Georges et le Big Bang* ne tombe pas du ciel : de nombreuses personnes ont aidé à son élaboration. Ce fut un plaisir et un privilège pour moi de travailler sur la série des *Georges*, et particulièrement sur le troisième. J'aimerais remercier l'équipe de Random House Children's Books qui a accompagné Georges durant ses aventures. Surtout ma merveilleuse éditrice Sue Cook qui a transformé l'esquisse d'une idée en cette trilogie. J'aimerais remercier Annie Eaton pour son regard et son dévouement à rendre la science accessible à un jeune public. Mes autres amis et collègues à RHCB qui ont effectué un travail fabuleux sur la série : Jessica Clarke, Sophie Nelson, Maeve Banham, Juliette Clarke, Lauren Buckland, Bhavini Jolpara, Margaret Hope, James Fraser et Clair Lansley. J'aimerais aussi remercier Claire Paterson, Kirsty Gordon, Luke Janklow et Julie Just chez Janklow and Nesbit pour avoir fait preuve d'une énergie rare et permis que Georges sillonne aussi bien la planète Terre que l'Univers.

Garry Parsons a donné vie à Georges, ses amis et ses ennemis avec verve et charme – le défi étant, cette fois-ci, d'illustrer l'Univers à reculons. Un grand merci à Stuart Rankin, chercheur, sans qui le monde n'aurait jamais connu le piège de Schrödinger inversé. Les contributions de Stuart incluent sa compréhension de l'IST, son essai sur le Big Bang et ses explications faussement simples de la théorie quantique des champs ainsi que d'autres phénomènes étranges et fabuleux. Toute ma reconnaissance à Markus Poessel du Max-Planck Institute pour son excellente contribution à la version finale du texte.

À nouveau, une équipe de très éminents scientifiques est venue expliquer son travail à un jeune public. Mes remerciements vont à Paul Davies, Michael S. Turner et Kip S. Thorne pour leurs brillantes contributions. J'aimerais aussi remercier Roger Weiss de la NASA pour son approche photographique des merveilles de l'Univers et tous nos amis de la NASA qui nous ont permis d'utiliser leurs images cosmiques.

J'aimerais également remercier tous mes amis et collègues d'ASU, où j'étais invitée comme écrivain résident avec Origins Project, pour m'avoir offert une année merveilleuse et accueillie afin de finir cet ouvrage.

Mais par-dessus tout, j'aimerais remercier nos jeunes lecteurs qui ont réclamé un autre *Georges* ! Bonne chance lors de vos voyages cosmiques !

Lucy

# À propos des auteurs

**LUCY HAWKING** est l'auteur de deux romans, a collaboré avec de nombreux journaux britanniques, la télévision et la radio. Lucy a donné des conférences sur l'astronomie et les voyages dans l'espace aux enfants du monde entier, y compris lors des célébrations du cinquantième anniversaire de la NASA aux États-Unis. Sa participation à « Project Immortality » a eu pour conséquence l'envoi de son ADN dans l'espace. Il est désormais conservé à bord de la Station spatiale internationale au cas où les hommes périraient accidentellement. Lucy a remporté le prix Sapio pour la vulgarisation de la science en 2008. Elle vit à Cambridge avec son fils.

**STEPHEN HAWKING** est professeur lucasien de mathématiques à l'université de Cambridge. Il est considéré comme l'un des physiciens théoriques les plus brillants au monde depuis Einstein. Son ouvrage pour le grand public, *Une brève histoire du temps*, s'est imposé comme un énorme best-seller et a été traduit en plus de trente langues. Son dernier ouvrage, *Y a-t-il un grand architecte dans l'univers ?* (en collaboration avec Leonard Mlodinow), est paru en 2011 aux éditions Odile Jacob.

# À propos de l'illustrateur

**GARRY PARSONS** a étudié les beaux-arts à Canterbury puis l'illustration à l'université de Brighton. Son travail lui a valu plusieurs prix, comme le Red House Children's Book Award en 2004 pour *Billy's Bucket*. Garry vit à Londres.

*Cet ouvrage a été composé et mis en page*
*par PCA - 44400 REZE*

*Imprimé en France par* CPI
en août 2021
N° d'impression : 2059065
S26206/06

MIXTE
Papier issu de
sources responsables
FSC® C003309

L'éditeur de cet ouvrage s'engage dans une démarche
de certification FSC® qui contribue à la préservation
des forêts pour les générations futures.

Pour en savoir plus :
www.editis.com/engagement-rse/

www.pocketjeunesse.fr
PKJ • POCKET JEUNESSE

92, avenue de France – 75013 Paris